JN320094

化学の指針シリーズ

編集委員会 井上祥平・伊藤　翼・岩澤康裕
　　　　　　大橋裕二・西郷和彦・菅原　正

化学プロセス工学

小野木克明　田川智彦
小林敬幸　二井　晋　共著

裳華房

Chemical Processes Engineering

by

Katsuaki Onogi
Tomohiko Tagawa
Noriyuki Kobayashi
Susumu Nii

SHOKABO

TOKYO

JCOPY 〈出版者著作権管理機構 委託出版物〉

「化学の指針シリーズ」刊行の趣旨

　このシリーズは，化学系を中心に広く理科系（理・工・農・薬）の大学・高専の学生を対象とした，半年の講義に相当する基礎的な教科書・参考書として編まれたものである．主な読者対象としては大学学部の2～3年次の学生を考えているが，企業などで化学にかかわる仕事に取り組んでいる研究者・技術者にとっても役立つものと思う．

　化学の中にはまず「専門の基礎」と呼ぶべき物理化学・有機化学・無機化学のような科目があるが，これらには1年間以上の講義が当てられ，大部の教科書が刊行されている．本シリーズの対象はこれらの科目ではなく，より深く化学を学ぶための科目を中心に重要で斬新な主題を選び，それぞれの巻にコンパクトで充実した内容を盛り込むよう努めた．

　各巻の記述に当たっては，対象読者にふさわしくできるだけ平易に，懇切に，しかも厳密さを失わないように心がけた．

1. 記述内容はできるだけ精選し，網羅的ではなく，本質的で重要な事項に限定し，それらを十分に理解させるようにした．
2. 基礎的な概念を十分理解させるために，また概念の応用，知識の整理に役立つよう，演習問題を設け，巻末にその略解をつけた．
3. 各章ごとに内容に相応しいコラムを挿入し，学習への興味をさらに深めるよう工夫した．

　このシリーズが多くの読者にとって文字通り化学を学ぶ指針となることを願っている．

「化学の指針シリーズ」編集委員会

まえがき

　化学製品の高機能化とともに，それを製造するプロセスも複雑化の一途をたどっている．化学工学は，化学製品の製造に必要な反応，蒸留，吸収などの処理に関わる原理を明らかにし，それらを体系化することから始まった．そして，その後，これらの処理を総合化するための学問へと発展した．

　化学工学においては，平衡を理解し，速度を求め，収支をとることが重要となる．そこでは，平衡，速度，収支を表すモデルを作成し，そのうえで必要な機能が達成できる場が設計される．化学工学の醍醐味はこのモデル作りにある．したがって，いかに対象の本質を抽出しそれを表すモデルを作るかが，化学工学に携わる者の腕の見せ所でもある．本書の執筆にあたっては，大学の理工学部応用化学系学科で化学工学を学ぶ際の教科書または参考書として使用されることを想定し，化学工学に現れる主なプロセス技術とその理論をわかりやすく解説することに努めた．このため，第1章に化学工学の基礎を化学工学量論としてまとめ，第2～5章に代表的なプロセス技術である流動，伝熱，分離，反応工学を，第6,7章に総合化技術であるプロセス制御，最適化を配置した．また，各章に多くの例題を用意した．ただし第7章は省略しても構わない．本書の内容は通年2セメスターで完結できるものとし，日本技術者教育認定基準（JABEE基準）「化学および化学関連分野」応用化学コースの「化学工学基礎」と「専門基礎」にも対応できる構成とした．

　最後に，本書の出版にあたり，終始お世話になった（株）裳華房の小島敏照氏ならびに編集部の皆様方に心からお礼申し上げる．

2007年11月

著者を代表して　小野木　克明

目 次

第1章 化学工学量論
- **1.1** 単位と次元 *2*
  - **1.1.1** 単位 *2*
  - **1.1.2** 次元 *4*
  - **1.1.3** 実験式と相似関係 *6*
- **1.2** 収支 *7*
  - **1.2.1** 収支の概要 *7*
  - **1.2.2** 物質収支計算の手順 *9*
  - **1.2.3** 物理的操作の物質収支 *11*
  - **1.2.4** 反応を伴う操作の物質収支 *15*
  - **1.2.5** エネルギー収支 *23*
  - **1.2.6** 物理的過程の熱収支 *24*
  - **1.2.7** 化学反応に伴うエンタルピー変化 *26*
  - **1.2.8** 非定常状態での収支 *28*
  - **1.2.9** 移動速度に関する基礎式 *31*
- 演習問題 *34*
- 参考書 *35*

第2章 流動
- **2.1** 流体の流れの基礎 *36*
  - **2.1.1** 流体の物理的性質 *36*
  - **2.1.2** 流体の静的性質 *38*
- **2.2** 流れの基礎式 *41*
  - **2.2.1** 質量保存則 *41*
  - **2.2.2** エネルギー保存則 *42*
  - **2.2.3** 運動量保存則 *44*
- **2.3** ベルヌイの定理による流れ特性値の算出 *44*

目　次　　　　　　　vii

　2.3.1　ヘッドタンクの流れ　*44*
　2.3.2　ベンチュリー管の流れ　*45*
　2.3.3　オリフィスの流れ　*46*
　2.3.4　ノズルからの流れ　*47*
2.4　管内の流動　*47*
　2.4.1　層流と乱流　*48*
　2.4.2　円管内層流　*49*
　2.4.3　円管内乱流　*49*
　2.4.4　直管の圧力損失　*49*
　2.4.5　他形状の圧力損失　*50*
　2.4.6　流体輸送動力　*53*
　2.4.7　圧縮性流体の流れ　*54*
演　習　問　題　*58*
参　考　書　*58*

第3章　伝　熱

3.1　伝導伝熱（熱伝導）　*60*
3.2　フーリエの法則　*60*
　3.2.1　フーリエの式　*60*
　3.2.2　熱 伝 導 率　*61*
　3.2.3　無限平板の熱伝導　*62*
3.3　対　流　伝　熱　*65*
　3.3.1　境界層と対流伝熱　*65*
　3.3.2　管内流れにおける流体温度　*67*
　3.3.3　熱伝達関係式　*68*
　3.3.4　相変化を伴う熱伝達　*70*
3.4　放　射　伝　熱　*72*
　3.4.1　熱　放　射　*72*
　3.4.2　放射率（射出率）　*74*
　3.4.3　キルヒホッフの法則　*75*
　3.4.4　物体間の放射伝熱　*75*

3.5 熱交換　77
　3.5.1 熱通過抵抗，熱通過率　78
　3.5.2 熱交換器　79
演習問題　85
参考書　85

第4章　分　離

4.1 蒸留　88
　4.1.1 単蒸留　91
　4.1.2 フラッシュ蒸留　93
　4.1.3 連続多段蒸留の原理　95
　4.1.4 操作線と q 線　97
　4.1.5 蒸留塔の所要理論段数の決定　99
　4.1.6 最小還流比と最小理論段数　101
4.2 ガス吸収　102
　4.2.1 吸収速度　103
　4.2.2 二重境膜説　104
　4.2.3 充填塔と気液接触操作　107
　4.2.4 最小液流量の設計　108
　4.2.5 充填高さの設計　110
4.3 沪過　114
　4.3.1 沪過速度と平均沪過比抵抗　114
　4.3.2 定圧沪過　116
4.4 膜分離　118
　4.4.1 膜の構造と膜モジュール　119
　4.4.2 限外沪過，逆浸透　121
　4.4.3 透析　121
　4.4.4 電気透析　122
　4.4.5 ガス分離　123
演習問題　125
参考書　126

目次

第5章　反応工学
- **5.1** 化学反応の量論と平衡　*128*
- **5.2** 化学反応の速度　*129*
  - **5.2.1** 化学量論と速度　*129*
  - **5.2.2** 反応速度式の構成　*130*
- **5.3** 反応器の分類と特徴　*138*
- **5.4** 代表的な反応器の設計式　*141*
  - **5.4.1** 回分反応器　*141*
  - **5.4.2** 連続撹拌槽型反応器（CSTR）　*144*
  - **5.4.3** 流通管型反応器（PFR）　*145*
  - **5.4.4** 反応器の比較　*148*
  - **5.4.5** 反応器の温度制御　*150*
- 演習問題　*154*
- 参考書　*155*

第6章　プロセス制御
- **6.1** プロセス制御の仕組み　*157*
- **6.2** 制御系の記述　*159*
  - **6.2.1** 状態方程式　*159*
  - **6.2.2** 伝達関数　*161*
- **6.3** 応答特性　*163*
  - **6.3.1** 過渡応答　*163*
  - **6.3.2** 周波数応答　*166*
  - **6.3.3** 伝達要素の応答特性　*167*
- **6.4** プロセス制御系の解析　*173*
  - **6.4.1** 制御系の表現　*173*
  - **6.4.2** 制御系の安定性　*175*
- **6.5** プロセス制御系の設計　*178*
  - **6.5.1** 制御系の制御特性　*178*
  - **6.5.2** 制御系設計の考え方　*179*
  - **6.5.3** PID制御系の設計　*180*

目次

　　演習問題　*183*
　　参考書　*183*

第7章　最適化
- 7.1 線形計画問題の記述と性質　*184*
  - 7.1.1 線形計画問題　*184*
  - 7.1.2 問題の標準形　*187*
  - 7.1.3 最適解の存在　*189*
- 7.2 線形計画問題の解法　*191*
  - 7.2.1 解法の考え方　*191*
  - 7.2.2 シンプレックス法　*193*
- 演習問題　*196*
- 参考書　*196*

全体の内容に関する参考書リスト　*197*
演習問題解答　*198*
索引　*204*

Column
- 正解はひとつではない　*33*
- 飛行機の速度計測　*56*
- 形態係数と太陽定数　*84*
- 分離にはエネルギーがかかる　*124*
- マイクロリアクターとナンバリングアップ　*153*
- 実学としてのプロセス制御　*182*
- ソフトウェアと特許　*195*

第1章　化学工学量論

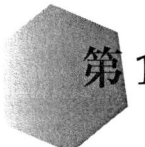

　化学分野の研究者や技術者が扱う化学プロセスでは，物質の状態を変化させる物理的操作や化学反応操作が組み合わされている．このようなプロセスを解析したり設計したりするには，どれだけの量の物質やエネルギーがどのような速度で移動し，どのように変換されていくかを把握することが重要である．化学プロセスに関わる諸量のうち，物質とエネルギーに関する定量的な取り扱いを，本書では「化学工学量論」と位置づけ，本章で単位と次元，および物質とエネルギーの収支について学ぶ．

使用記号

C_p：定圧モル熱容量 [J mol^{-1} K^{-1}]
c_p：定圧比熱容量 [J kg^{-1} K^{-1}]
C_v：定容モル熱容量 [J mol^{-1} K^{-1}]
c_v：定容比熱容量 [J kg^{-1} K^{-1}]
D：留出液流量 [kg h^{-1}]
H：エンタルピー [kJ mol^{-1}]
ΔH_R^0：反応熱 [kJ mol^{-1}]
ΔH_F^0：標準生成エンタルピー [kJ mol^{-1}]
L：潜熱 [kJ mol^{-1}]
n：物質量 [mol]
P, Q：流量 [kg h^{-1}]
p：圧力 [Pa]
Q：熱エネルギー [J]
T：温度 [K]
U：内部エネルギー [J]
u：流速 [m s^{-1}]
V：体積 [m^3], [cm^3]
W：仕事 [J]
W：缶出液流量 [kg h^{-1}]
W_W：缶出液組成 [wt%]
x_1：[例題 1.11] でのエチレン量 [mol]
x_2：[例題 1.11] でのジエチルエーテル量 [mol]

1.1 単位と次元

物質やエネルギーの量や変化の速度を定量的に把握するために，物理量を用いる．物理量とは数値と**単位** (unit) の積であり，すべての人が相互に理解できる特定の量を基準として，測定する量がその何倍であるかを数値として表す．この基準量に名前を付けたものが単位である．単位は組み合わせの基礎となる質量，長さ，時間などの基本単位と，これらを組み合わせた速度や面積などの誘導単位からなる．誘導単位が基本単位からどのように組み立てられているかを表すために次元を用いる．

1.1.1 単位

基本単位は，長さ，質量，時間のように独立した物理量である．基本単位の選び方で単位系が定義される．従来は学問分野によって，質量に関する物理量を取り扱う「絶対単位系」，力に関する物理量を取り扱う「工学単位系」などを採用し，国によってメートル制や英国制があるため，相互に複雑な換算を行う必要があった．そこでこうした不便を解消するため，国際単位系 (SI) が制定された．SI 単位系は一つの物理量に対してただ一つの単位が対応し，実用単位を基本単位の組み合わせで機械的に組み立てることができる特徴がある．**表 1.1** に 7 種の SI 基本単位を示す．また，**表 1.2** に，これらから誘導される，固有の名称をもつ組立単位の例を示す．基本単位系と実用上の数値との乖離を避けるために，**表 1.3** に示すような接頭語の使用が認められている．例えば 1 気圧は 1.013×10^5 Pa であり，0.1013 MPa もしくは 101.3 kPa と表される．以降の各章で取り扱う現象に応じて，一つの物理量の表し方が異なる場合があるので注意されたい．単位の表記には，1) 数字と単位記号の間に半文字の空白を入れ，2) 複合単位記号の積は中黒 (・) または半文字分をあけ (本書では後者を採用)，商は斜線 (/) または負のべき数 ($^{-1}$) で表現する (本書では後者を採用)．積と商の関係を混同しないため

表1.1 SI基本単位の例

量	名称	記号
長さ	メートル	m
質量	キログラム	kg
時間	秒	s
電流	アンペア	A
熱力学温度	ケルビン	K
物質量	モル	mol
光度	カンデラ	cd

表1.2 固有の名称をもつ組立単位の例

量	名称	記号	基本単位による表現
力	ニュートン	N	$kg\,m\,s^{-2} = J\,m^{-1}$
圧力	パスカル	Pa	$kg\,m^{-1}\,s^{-2} = N\,m^{-2} = J\,m^{-3}$
エネルギー	ジュール	J	$kg\,m^2\,s^{-2} = N\,m = Pa\,m^3$
仕事率	ワット	W	$kg\,m^2\,s^{-3} = J\,s^{-1}$
周波数	ヘルツ	Hz	s^{-1}
電位差	ボルト	V	$kg\,m^2\,s^{-3}\,A^{-1}$
セルシウス温度	セルシウス度	℃	$t\,[℃] = (t+273.15)\,[K]$
平面角	ラジアン	rad	$1(無次元) = m\,m^{-1}$
立体角	ステラジアン	sr	$1(無次元) = m^2\,m^{-2}$

表1.3 SI接頭語の例

大きさ	名称	記号	大きさ	名称	記号
10^3	キロ	k	10^{-3}	ミリ	m
10^6	メガ	M	10^{-6}	マイクロ	μ
10^9	ギガ	G	10^{-9}	ナノ	n
10^{12}	テラ	T	10^{-12}	ピコ	p
10^{15}	ペタ	P	10^{-15}	フェムト	f

分母相当の項はまとめてカッコ内に入れる．3) 接頭語を使用する場合，数値は0.1から1000の間に入るように選び，接頭語を1個のみ単位記号の前につける，組立単位への接頭語は最初の単位記号にのみつける[†]，など，さまざまな注意が必要である．

[†] ここで，kgのkは例外である．

[例題 1.1]　気体定数 $R = 0.08205$ atm mol^{-1} K^{-1} を SI 単位に換算せよ.
[解]　$1\,\mathrm{L} = 10^{-3}\,\mathrm{m}^{-3}$, $1\,\mathrm{atm} = 1.013 \times 10^5$ Pa より

$R = (0.08205\text{ atm L mol}^{-1}\text{ K}^{-1})(10^{-3}\text{ m}^3\text{ L}^{-1})(1.013 \times 10^5\text{ Pa atm}^{-1})$
$= 8.31\text{ m}^3\text{ Pa mol}^{-1}\text{ K}^{-1}$　■

以降で取り扱う物理量は数多くあるが，一つの物理的意味をもつ量が，状況によりさまざまな単位で表される場合があるため，注意しなければならない．例えば第4章で学習する，物質の移動しやすさを表す物質移動係数 k は，物質移動の推進力の種類を表す添字とともに，k_L [m s^{-1}] や k_G [mol m^{-2} s^{-1} Pa^{-1}] のように書かれる．さらに，物理量を表す記号について，扱う現象により，まったく異なる量に用いられることがある．例えば k という記号は，第4章で物質移動係数を表す一方で，第5章では反応速度定数として用いられる．前者は添字をつけて書かれるため区別できるのだが，学習者には，自分が扱っている量がどのような意味をもつのかを常に確かめてほしい．各章で使用する記号とその意味は，各章冒頭にまとめて示されている．

1.1.2　次元

基本量の長さを L, 質量を M, 時間を T で表すと，さまざまな物理量はこれらの組み合わせとして，$[L^\alpha M^\beta T^\gamma \cdots]$ のように表現される．これを次元式と称し，指数 $\alpha, \beta, \gamma, \cdots$ を**次元** (dimension) という．現象を理論式で表すことが困難な場合，現象に関わる影響因子の相互関係を，次元が健全な（式の両辺の次元が一致している）実験式で整理すると，設計に役立てることができる．このための手法は次元解析と呼ばれ，その詳細は章末の参考書1) に述べられている．例えば，ある実験式の左辺が速度の次元であれば，右辺も速度の次元でなければならない．また，次元が健全な式が得られれば，物理量の相互関係を無次元項の形にまとめることができる．無次元項で整理することにより，種々の異なる条件や装置で得られた実験データを集約して表

表 1.4 代表的な無次元数

名称	英語表記	記号	定義	物理的意味
ヌッセルト数	Nusselt number	Nu	$\dfrac{hL}{k}$	対流伝熱速度と伝導伝熱速度の比
シャーウッド数	Sherwood number	Sh	$\dfrac{k_m L}{D}$	物質移動速度と分子拡散速度の比
レイノルズ数	Reynolds number	Re	$\dfrac{\rho L u}{\mu} = \dfrac{L u}{\nu}$	慣性力と粘性力の比
プラントル数	Prandtl number	Pr	$\dfrac{c_p \mu}{k} = \dfrac{\nu}{\alpha}$	運動量拡散係数と熱拡散率の比
シュミット数	Schmidt number	Sc	$\dfrac{\mu}{\rho D} = \dfrac{\nu}{D}$	運動量拡散係数と分子拡散係数の比
ペクレ数	Péclet number	Pe	$\dfrac{uL}{D}$ または $\dfrac{u \rho c_p L}{k}$	流速と拡散速度の比,もしくは対流伝熱速度と伝導伝熱速度の比
グラスホフ数	Grashöf number	Gr	$\dfrac{L^3 \rho^2 \beta g \Delta T}{\mu^2}$	浮力と粘性力の比
ウェーバー数	Weber number	We	$\dfrac{\rho u^2 L}{\sigma}$	慣性力と表面張力の比
ルイス数	Lewis number	Le	$\dfrac{k}{\rho c_p D} = \dfrac{\alpha}{D}$	熱拡散率と分子拡散係数の比

h:境膜伝熱係数,L:代表長さ,D:分子拡散係数,k:熱伝導度,u:線流速,ρ:流体密度,μ:流体粘度,k_m:物質移動係数,c_p:比熱,σ:表面張力,$\alpha = k/(\rho c_p)$:熱拡散率,$\nu = \mu/\rho$:動粘度(運動量拡散係数)

現できるため,広い範囲で適用可能な実験式を得ることができる.

　表 1.4 に代表的な無次元数を示した.これらの数は,次元がなくなるように物理量を単純に組み合わせたものではなく,物理的に意味をもつ量の比の形になっており,無次元数の大きさが現象や状況の性質を表している.最もよく使われる無次元数のレイノルズ数 Re は,流体の慣性力と粘性力の比である.この数が 2300 以下では,流れは乱れの少ない層流で,大きくなると渦が支配的な乱流となる.表 1.4 の多くの無次元数の定義に「代表長さ」が含まれているが,現象が起こる場所や状況に応じて,「代表長さ」を適切に選

表 1.5 ギリシャ文字

大字	小字	日本語読み	英語読み	大字	小字	日本語読み	英語読み	大字	小字	日本語読み	英語読み
A	α	アルファ	alpha	I	ι	イオタ	iota	P	ρ	ロー	rho
B	β	ベータ	beta	K	κ	カッパ	kappa	Σ	σ	シグマ	sigma
Γ	γ	ガンマ	gamma	Λ	λ	ラムダ	lambda	T	τ	タウ	tau
Δ	δ	デルタ	delta	M	μ	ミュー	mu	Y	υ	ウプシロン	upsilon
E	ε	イプシロン	epsilon	N	ν	ニュー	nu	Φ	ϕ, φ	ファイ	phi
Z	ζ	ゼータ	zeta	Ξ	ξ	グザイ	xi	X	χ	カイ	chi
H	η	イータ	eta	O	o	オミクロン	omicron	Ψ	ψ	プサイ	psi
Θ	θ	シータ	theta	Π	π	パイ	pi	Ω	ω	オメガ	omega

ぶ必要があることに注意されたい．物理量の表記には記号としてギリシャ文字がよく使用されるので，表 1.5 にギリシャ文字とその読み方をまとめた．

[例題 1.2] 密度および速度の次元を示せ．

[解] [密度] ＝ (質量 M)/(体積 L^3) ＝ $[M L^{-3}]$

[速度] ＝ (距離 L)/(時間 T) ＝ $[L T^{-1}]$ ∎

1.1.3 実験式と相似関係

気体もしくは液体が，長い円管内を乱流で流れる場合の壁から流体への伝熱に関する伝熱係数について，ヌッセルト数 Nu を，流れの状態を表すレイノルズ数 Re と，運動量と熱の移動しやすさの比を表すプラントル数 Pr で表した，次の実験式が報告されている．

$$Nu = 0.023\, Re^{0.8}\, Pr^{0.4} \tag{1.1}$$

また，円管の壁から，管内を乱流で流れる流体中への物質の蒸発や溶解に関する物質移動係数について，シャーウッド数 Sh を，レイノルズ数と，運動量と物質の拡散移動のしやすさの比を表すシュミット数 Sc で表した実験式が報告されている．

$$Sh = 0.023\, Re^{0.83}\, Sc^{0.44} \tag{1.2}$$

一見してわかるように，この式は係数や指数の値が，熱移動に関する (1.1)

式と大変よく似ている．このことは，壁から流体中へ移動するものが熱であれ物質であれ，状況すなわち流れの状態と形状が同じであれば，よく似た式で記述できることを示しており，物質移動と熱移動の間に相似関係があることがわかる．同様な実験式は運動量移動に関してもまとめられ，運動量に対しても物質移動と熱移動との相似関係が成り立つことが確かめられている．このような相似関係に基づいて，熱，物質および運動量移動を統一的に取り扱う，移動現象論という学問が体系化されている．詳しくは章末の参考書2,3)を参照されたい．

1.2 収 支

化学プロセスでは，物理的操作や分子を変換する化学反応を通じて，物質やエネルギーが移動して，新たな物質やエネルギーが生み出されている．同じように企業の生産プロセスでは，資金や情報，人，原料と製品を組み合わせて生産活動が行われる．これらのプロセスで起こる現象は，いずれも物質やエネルギーの「流れ」を伴って起こり，物質とエネルギーが保存則により支配されている．化学工学ではこれらの「流れ」を解くために，収支を出発点とする．1.2.2項以降では**物質収支** (material balance) を，1.2.5項では**エネルギー収支** (energy balance) を取り扱う．これらの収支から，量の関係が明らかになるとともに，量の変化速度を記述することができ，現象の定量化が可能となる．

1.2.1 収支の概要

化学プロセスでは，原料物質の状態が変化したり，反応によって化学組成が変わるとともに，これらの変化を引き起こすためのエネルギーが供給されたり，反応によってエネルギーが生成する．物質やエネルギーのあらゆる変化は，二つの大きな自然法則すなわち，質量保存の法則とエネルギー保存の

法則に支配されている．物質やエネルギーは，その形は変化しても，創造されたり消滅したりすることで総量が変化することはないので，ある空間を考えたとき，この空間領域に入る量と出る量の間には

$$[入量] - [出量] = [蓄積量] \qquad (1.3)$$

の関係がある．これは収支式と呼ばれ，プロセスの中で物質量やエネルギーの定量的な取り扱い，すなわち解析と設計の基礎となる．

収支を考えるための基本は，空間を定めることである．フローチャートの「囲み」として表現されたり，ブラックボックスと呼ばれたりするこの空間は，入量と出量をもつ**系** (system) であり，規模の大小に関わりなく定めることができる．プロセス全体でも，構成する装置でも，装置内の微小空間のいずれでもよい．そのため，植物細胞が呼吸と光合成を行うことによる酸素の移動から，地球規模の二酸化炭素の移動が温室効果にどのように関わるか，という問題まで，収支という概念を用いることで定量的に扱うことができる．系内での温度や濃度などの値が時間とともに変化しない状態を**定常状態** (steady state) と呼び，これらが時間変化する場合を**非定常状態** (unsteady state) と呼ぶ．定常状態においては，蓄積量はゼロである．

化学プロセスで行われる操作を大きく三つに分類する．

回分操作 (batch operation)：フラスコ中で行う化学反応のように，原料を仕込んだあとに所定の温度や圧力のもとで反応させ，ある時間経過のあとで取り出す操作．

連続操作 (continuous operation)：原料と製品を連続的に流通させる操作．例えばシャワーの給湯のように，水と湯が一定の速度で供給されて混合され，所定の温度の湯を連続して取り出す操作．

半回分操作 (semibatch operation)：微生物の培養のように，タンク中に蓄えられた微生物と培養液に対して栄養分を連続的に供給しながら，タンクからの液の抜き出しを回分で行うような操作．

回分，半回分操作では原理的に非定常状態になり，連続操作では，状況に

よって定常もしくは非定常状態になる．また連続操作では，収支をとる際に，ある瞬間で系に出入りする速度量に注目するため，収支式は微分型となり，系の速度式の基礎を与える．一方，回分操作での収支式は操作の開始時点と終了時点の量に関する収支を記述する積分型である．

系の中で化学反応が起こる場合には，物質の生成と消滅を考慮しなければならない．ある物質Aに着目した場合，

$$[Aの入量] - [Aの出量] = [Aの蓄積量] + [反応によるAの消費量] \tag{1.4}$$

と書ける．Aが反応により生成する場合は，負の消費量として表す．また，元素に着目すれば，

$$[元素Xの入量] - [元素Xの出量] = [元素Xの蓄積量] \tag{1.5}$$

となり，消費量がなくなる．

化学反応を扱う際には化学量論式により物質の生成量の増減を表現できるので，質量基準よりも物質量基準で収支をとることが多い．

1.2.2 物質収支計算の手順

物質収支の計算は次のような手順に従って進める．

1) 系を明確にする：収支をとる「囲み」を決め，囲みに出入りする物質あるいはエネルギーの流れを表す簡単なフローチャートを描く．反応が起こるときには，化学反応式を記入する．

2) 既知量と未知量を明確にする：囲みに出入りする量のうち，既知量は数値を記入し，未知量は記号で表す．

3) 基準を明確にする：収支をとるのに都合のよい基準を選ぶ．回分操作では1バッチ，連続操作では，単位時間当たりや，製品あるいは原料の単位質量や容量も基準として用いられる．計算に用いるデータの基準にも気を配る必要があり，特にエンタルピーは文献により基準温度が異なるため，注意を要する．

4) 手がかり物質を見つける：収支式は各成分について立てられるが，未知数の数が増えるとともに複雑になる．系へ流入する物質のうち，系内で変化することなく流出するものがある場合がある．例えば，湿り固体の乾燥では，水分量は蒸発して変化するが，乾燥固体量は変化しない．燃焼反応では，空気中の窒素は不活性物質となり，窒素の量は反応前後で変化しない．このような物質を手がかり物質と呼び，この量に着目すれば計算が簡単になる場合が多い．

さまざまな状況における収支の考え方と計算方法についての具体例について，以降に示す例題を中心に学習を進める．まず，収支を扱う前提について考えることから始めよう．

[例題 1.3] 化学プロセスにおいて，あるユニットが連続して運転されている．このユニットには二つのパイプが取り付けられ，一つのパイプを通じてエタノールを含む液体が供給され，他方からは液体が排出されている．供給口と排出口でエタノールの組成と液流量を測定したところ，入口と出口でのエタノールのモル流量は，それぞれ x_1, x_2 [mol h^{-1}] で，x_1 と x_2 の値が異なっていた．これらの値が異なる理由を考え，できるだけ多くあげよ．

[解] 例えば以下の 1）〜 4）があげられる．
 1）ユニット内でエタノールが反応して他の物質に転化した．
 2）ユニットからの液漏れがあった．
 3）ユニット内部の壁面にエタノールが吸着した．
 4）流量計やエタノール濃度の測定機器が故障していた． ■

教科書的な発想で凝り固まっていると，2）〜 4）の理由には思い至らないかもしれない．しかし，現実に化学技術者はこの例題のようなトラブルをしばしば経験し，問題解決のためには，あらゆる可能性を柔軟に考え，順番にその可能性を検討している．収支を理解した人は，迷わずに 1）を解答するであろうが，定量的な扱いは，2）〜 4）が該当しない，という仮定のうえで行われることに注意すべきである．

1.2.3 物理的操作の物質収支

化学プロセスは,化学反応を伴う操作と物質の化学変化を伴わない物理的な操作から構成されている.物理的操作には,物質の熱的状態を変える伝熱や蒸発,流れの状態に関わる混合や流動,相変化や分配による分離を行う蒸留や抽出などが含まれる.収支式には,(1.4) 式にみられる反応による消費量はなく,定常状態では蓄積量がない.一般的には,基準を定めて未知数を含む物質収支式を書き,連立方程式を解くことで未知数を求めることができる.次の例題では,物質の溶解に関わる物質収支の計算の仕方を学ぼう.

[**例題 1.4**] 内径 5 cm のパイプの中を流速 u [m s^{-1}] で水が流れている.流速 [m s^{-1}] とは,体積流量 [m^3 s^{-1}] を管断面積 [m^2] で割った値として定義される.u の値を知るために,このパイプに 15 wt% の NaCl 水溶液を 40 kg h^{-1} の流量で注入した.パイプ内は乱流であるため流体はよく混合され,注入部より下流での NaCl 濃度は 1 wt% であった.水の密度を 998 kg m^{-3} として,上流での水の流速 u を求めよ.

[**解**] 図 1.1 のように流れの概念図を描き,点線に示す囲みについて収支をとる.流速の時間変化がないため定常状態であり,蓄積はない.ここで,注入部より上流の流量を P [kg h^{-1}],下流の流量を Q [kg h^{-1}] と表す.

全量収支　　$P + 40 = Q$

成分収支　　$(0.15)(40) = 0.01 Q$

これより　　$Q = 600$ kg h^{-1},　$P = 560$ kg h^{-1}

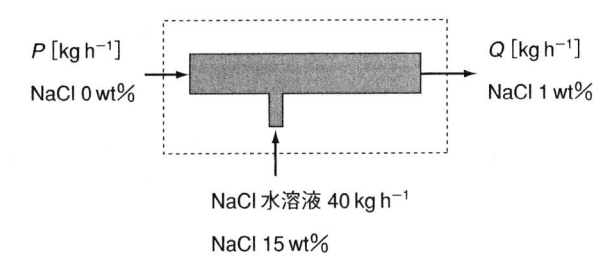

図 1.1　パイプを流れる NaCl 水溶液の収支

「内径」とは半径ではなく直径を表すので，断面積は $\pi(0.05/2)^2 = 1.96 \times 10^{-3}\,\mathrm{m}^2$ である．水の密度 $998\,\mathrm{kg\,m^{-3}}$ を用いて u を求める．

$$u = \frac{P/998}{(1.96 \times 10^{-3})(3600)} = 0.080\,\mathrm{m\,s^{-1}} \blacksquare$$

この例題で示した方法は，実際に管内を流れる流体の流速を測るための手段として用いることができる．次の例題ではガスの液体への溶解を扱う．この操作はガス吸収と呼ばれ，化学プロセスでは重要な分離操作の一つであり第4章で学習する．ここではさらに，手がかり物質と定常状態の取り扱いも学ぶ．

[**例題 1.5**] 二酸化硫黄 SO_2 は硫酸の原料として重要な気体であり，水に溶解しやすい．$12\,\mathrm{mol\%}$ の SO_2 を含む空気を容器の中の水に連続的に吹き込んで吸収させたところ，容器出口ガスの SO_2 の濃度は $2\,\mathrm{mol\%}$ であり，時間により流量と組成は変化しなかった．このとき SO_2 の吸収率 (吸収された SO_2 量/供給された SO_2 量) を求めよ．また，計算を単純にするために行うべき仮定は何か，二つあげよ．

[**解**] 出口ガスの流量と組成の時間変化がないことから，このプロセスは定常状態にある．SO_2 の収支をとる際の仮定として，空気が水に溶解しないこと，水が蒸発して出口ガスの中に水蒸気が混合されるのを無視することとする．これらの仮定をおくことで，本質から大きくはずれることなく計算が単純化できる．問題中に原料ガス流量と水の量が与えられていないので，基準として原料ガス $100\,\mathrm{mol}$ をとり計算を進める．図 1.2 に容器まわりの収支の概念図を示す．

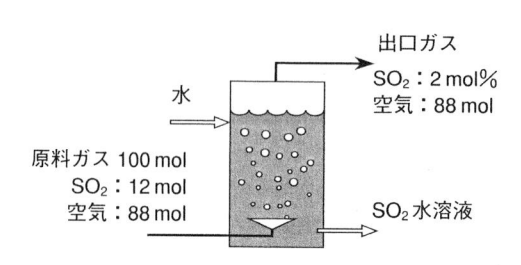

図 1.2 水への SO_2 の溶解に関する収支

原料ガス 100 mol には SO_2 が 12 mol, 空気が 88 mol 含まれる. 仮定により空気は水に不溶なので, 手がかり物質となる. 出口ガスには空気が 88 mol 存在し, これが 98 mol% に相当している. 出口ガスの SO_2 モル量を x とすれば, $88/(88+x) = 0.98$, これを解いて, $x = 1.8$. 吸収率は $(12-1.8)/12 = 0.85$ となる.

[例題 1.5] で, 容器への水の流入と SO_2 水溶液の流出があるが, 溶液での SO_2 の収支を考えなくても解くことができた. しかし, 水の流れがないと考えるのは誤りで, 水の流れがなければ定常状態にならない. つまり, 容器内に貯められた水に連続的に SO_2 を吹き込むと, はじめは SO_2 が吸収されるが, やがて液は SO_2 の飽和濃度に達し, 供給したガスがそのまま出口に出てくることとなる. このような場合は非定常状態であり, 出口ガスの組成は経時的に変化する.

石油化学工場でみられる銀色の塔型装置のほとんどは蒸留塔である. 蒸留は混合物を成分の沸点差という物理的性質の差により分離するもので, 蒸留塔には連続的に原料が供給され, 塔から複数の流れが取り出される. この場合の物質収支の扱いを次の例題に示す.

[例題 1.6] ある蒸留塔に, ベンゼン (B) とトルエン (T) (101.3 kPa での各純物質の沸点 353 K, 383 K) を 50 wt% で混合した溶液が, 流量 1000 kg h^{-1} で供給され, 塔の頂上からは低沸点成分であるベンゼンに富む留出液が得られ, 塔底からは高沸点成分であるトルエンを主成分とする缶出液が得られる. この塔は定常状態で運転されており, 留出液は流量 D [kg h^{-1}], ベンゼン濃度 94.7 wt% であり, 缶出液は流量 W [kg h^{-1}] でベンゼン組成 x_W [wt%] である. 供給液から留出液に回収されるベンゼンの割合 (質量基準の回収率) は 90 % であった. このときの D, W, x_W を求めよ.

[解] 蒸留塔まわりのフローを図 1.3 に描き, 点線の囲みを考える.

全量収支 $1000 = D + W$

ベンゼン収支 $(1000)(0.5) = 0.947 D + 0.01 x_W W$

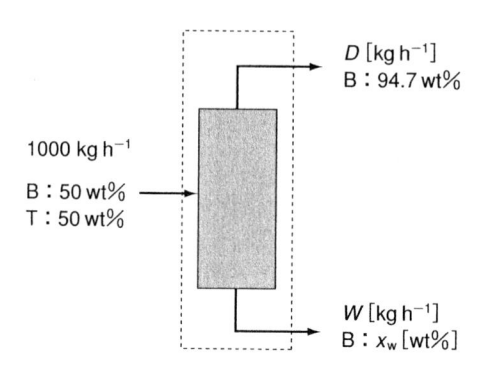

```
                          D [kg h⁻¹]
                          B：94.7 wt%

1000 kg h⁻¹
B：50 wt%
T：50 wt%

                          W [kg h⁻¹]
                          B：xw [wt%]
```

図1.3 蒸留塔まわりでの収支

回収率の定義より　　$0.9 = \dfrac{D(0.947)}{(1000)(0.5)}$

これを解いて $D = 475 \text{ kg h}^{-1}$，二つの収支式から，$W = 525 \text{ kg h}^{-1}$，$x_w = 9.6 \text{ wt\%}$ が求まる．　■

　湿り固体の乾燥操作では，水分量の扱いに注意すべきである．例えば，「水分を 60 wt% 含む木粉を乾燥機に送り，水分 5 wt% の製品を 1 時間当たり 2000 kg 生産したい」という要求に対して，加熱量すなわちエネルギー消費量は水の除去量によって決まる．

　60 wt%，5 wt% の水分量とは，分母にそのときの全固体量，すなわち乾燥固体と水（固体に保持された）の和で示される量をとるため，水分量の変化とともに分母が変化して，60 wt% や 5 wt% という量から除くべき水の量を決定しにくい．そこで，乾燥の過程で変化しない，無水材料の質量を基準とした，「乾量基準」という量を用いて固体中の水分含量を考えるとよい．次の例題では乾燥操作における収支の扱いを学ぶ．

［例題 1.7］　上記の要求に関する以下の問いに答えよ．

1）水分を 60 wt% 含む木粉の水分量を乾量基準で表せ．

2）上記の要求を満たす目的製品を得るため，供給すべき湿り材料の量

1.2 収支

```
x [kg-wet h⁻¹]                                    2000 kg-wet h⁻¹
1.5 kg-水 kg-dry⁻¹         [乾燥機]                 0.053 kg-水 kg-dry⁻¹
                              ↓
                        水 [kg-水 h⁻¹]
```

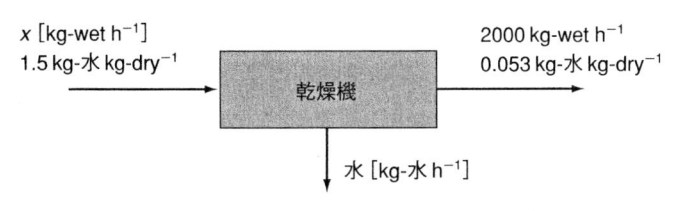

図 1.4 湿り固体の乾燥における収支

[kg-wet h^{-1}] と除くべき水の量 [kg-水 h^{-1}] を求めよ．

[解] 1）湿り材料 1 kg では，題意より 0.6 kg-水 kg-wet^{-1}，無水材量の質量分率は 0.4 kg-dry kg-wet^{-1} なので，0.6/0.4 = 1.5 kg-水 kg-dry^{-1} となる．

2）1）と同様に，5 wt% の水分量の固体は 0.05/0.95 = 0.053 kg-水 kg-dry^{-1} となる．

乾燥機まわりの物質のフローを図 1.4 に示す．製品中の乾燥固体は (2000 kg-wet h^{-1})(0.95 kg-dry kg-wet^{-1}) = 1900 kg-dry h^{-1}，製品が含む水分量は 2000 kg-wet h^{-1} − 1900 kg-dry h^{-1}) = 100 kg-水 h^{-1} である．

原料の湿り固体が含む水分量は (1900 kg-dry h^{-1})(1.5 kg-水 kg-dry^{-1}) = 2850 kg-水 h^{-1} となり，除去すべき水分量は，2850 − 100 = 2750 kg-水 h^{-1} となる．供給すべき湿り固体は，2850 + 1900 = 4750 kg-wet h^{-1} である． ■

1.2.4 反応を伴う操作の物質収支

多くの化学プロセスには，化学反応が含まれている．燃焼も酸化反応であり，装置に供給された物質が変換されて取り出されている．化学反応が起こる場が**反応器** (reactor) であり，機能と特徴については第 5 章で詳しく学習するが，ここでは反応器への入口と出口での物質量の収支に着目する．反応に関与する物質の量の関係を表したものが化学量論式であり，反応が一つの量論式で書かれる場合を単一反応，複数の量論式で書かれる場合を複合反応と呼ぶ．反応を行う際には，原料を化学量論量だけ供給する場合はほとんどなく，いくつかの成分を量論量以上に加えたり，反応に不活性な成分を含めたりする場合が多い．反応原料中に最も小さい比率で存在する成分を限定反

応成分と呼び，この成分の量により化学反応が制限される．

反応を伴うプロセスでは，反応に関わるいくつかの用語が用いられる．それらの定義について，以下に述べる．

$$反応率（転化率）= \frac{反応で使われた着目成分の量}{反応器に供給された着目成分の量} \tag{1.6}$$

$$選択率 = \frac{目的成分を生成するために使われた着目成分の量}{反応で使われた着目成分の量} \tag{1.7}$$

$$収率 = \frac{目的成分の生成量}{量論的に到達し得る目的成分の最大生成量} \tag{1.8}$$

次の例題では，反応器で連続的に行われる反応を例にあげて限定反応成分の選定の仕方と反応率の取り扱いを学ぶ．

[**例題 1.8**] アクリロニトリル C_3H_3N はアクリル繊維や ABS 樹脂 (アクリロニトリル・ブタジエン・スチレン共重合体) の原料として重要であり，次の反応により，プロピレン，アンモニアと酸素を原料として製造される．

$$C_3H_6 + NH_3 + \frac{3}{2}O_2 \longrightarrow C_3H_3N + 3H_2O$$

ある反応器に原料としてプロピレン 10 mol%，アンモニア 12 mol%，空気 78 mol% からなる混合物が流通されている．このとき，どの化学種が限定反応成分となるか．また，運転条件を限定反応成分の反応率が 30 % となるように設定したとき，原料 100 mol に対して出口での各成分組成を求めよ．ただし，空気組成は O_2 モル分率 0.21，N_2 モル分率 0.79 とする．

[**解**] 図 1.5 に反応器まわりでのフローの概念図を示す．

限定反応成分を決めるにあたり，プロピレンの量に対する各成分量の比を求めて化学量論比と比較する．

$$\frac{n_0(NH_3)}{n_0(C_3H_6)} = \frac{12}{10} = 1.2$$

量論比 NH_3/C_3H_6 は 1.0 なので NH_3 は過剰．

原料 100 mol　　　　　　　　　　　　生成物＋未反応物＋不活性成分
　　　　　　　　　┌─────────┐
$n_0(C_3H_6)$: 10 mol　│　反応器　│　$n_1(C_3H_6)$ [mol]
$n_0(NH_3)$: 12 mol　　│　　　　　│　$n_1(NH_3)$ [mol]
空気 : 78 mol　　　　　└─────────┘　$n_1(O_2)$ [mol]
　$n_0(O_2)$: 16.4 mol　　　　　　　　$n_1(N_2)$ [mol]
　$n_0(N_2)$: 61.6 mol　　　　　　　　$n_1(C_3H_3N)$ [mol]
　　　　　　　　　　　　　　　　　　　$n_1(H_2O)$ [mol]

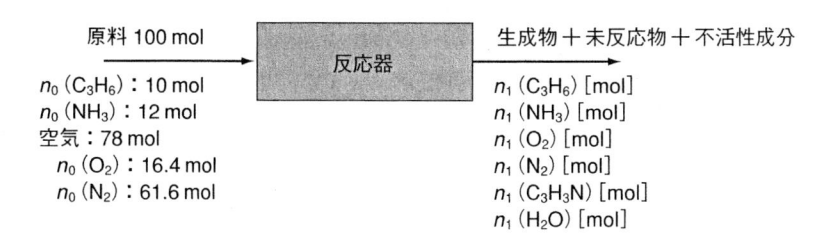

図 1.5　アクリロニトリル合成プロセスの収支

$$\frac{n_0(O_2)}{n_0(C_3H_6)} = 1.64$$

量論比 O_2/C_3H_6 は 1.5 なので O_2 は過剰．したがって，プロピレンが限定反応成分である．プロピレンの反応率が 30 % であるので，反応したプロピレンは (10)(0.3) = 3 mol,

$n_1(C_3H_6) = 7$ mol, $n_1(C_3H_3N) = 3$ mol となる．

$n_1(NH_3) = 12 - 3 = 9$ mol, $n_1(H_2O) = (3)(3) = 9$ mol, $n_1(O_2) = 16.4 - (1.5)(3) = 11.9$ mol, $n_1(N_2) = n_0(N_2) = 61.6$ mol

したがって，出口では C_3H_6 7 mol, NH_3 9 mol, O_2 11.9 mol, N_2 61.6 mol, C_3H_3N 3 mol, H_2O 9 mol である．　■

反応を伴う化学プロセスにおいては，生成物の量と性質により，操作上の問題が起こることが予想される．実際の操作においては，トラブルを避けるような設計や目的達成のためのコストを考慮する必要がある．次の例題でこのような取り扱いを学ぼう．

[**例題 1.9**]　化学工場内のあるプラントから，水酸化ナトリウムを 10 wt% 含む排水が 500 kg h^{-1} の流量で出るため中和処理が必要となった．中和槽をつくり，酸には 95 wt% の濃硫酸を選択して，次の反応で行うこととした．

$$2\,NaOH + H_2SO_4 \longrightarrow Na_2SO_4 + 2\,H_2O$$

この反応で生成する硫酸ナトリウムは水への溶解度が比較的低く，0.13 kg-Na_2SO_4 kg-水$^{-1}$ である．中和に必要な硫酸量および Na_2SO_4 を溶解する

ために必要な水の量を求めよ．実際の操業を想定した場合，この水量で操作した場合に起こりうるトラブルを推定せよ．また，中和に硫酸を選択した理由は何か．

[解] 基準として1時間をとる．

排水に含まれる NaOH 量は　$(500)(0.1)/(40 \times 10^{-3}) = 1250 \text{ mol}$

中和に必要な H_2SO_4 量は　$(0.5)(1250)(98 \times 10^{-3}) = 61.3 \text{ kg}$

Na_2SO_4 量は　$(0.5)(1250)(142 \times 10^{-3}) = 88.8 \text{ kg}$

生成する水量は　$(1250)(18 \times 10^{-3}) = 22.5 \text{ kg}$

生成した Na_2SO_4 の溶解に必要な水量は　$(88.8)/(0.13) = 683 \text{ kg}$

系内の水の量は，排水中に $(500)(1-0.1) = 450 \text{ kg}$ 含まれる．

濃硫酸中に含まれる水は $(61.3)/(0.95) - 61.3 = 3.23 \text{ kg}$ であり，反応で生成した水は 22.5 kg であるので，系内の水を合計すると 475.7 kg となる．よって加えるべき水の量は $683 - 476 = 207 \text{ kg}$ である．

最も起こりやすいトラブルは，気温の低下により Na_2SO_4 の結晶が析出してパイプが閉塞することである．これを避けるためには加える水量を算出量の2～3倍として操業する．

硫酸を用いる理由は，排水処理であるため安価な薬剤を使いたいこと，規定度が高い酸であるため貯蔵量が少なくできること，などがあげられる．■

反応により目的成分をつくる場合，複数の反応が逐次的に，もしくは並列的に起こり副生成物を生じる場合がある．これらの複合反応の詳細は第5章で学習するが，ここでは収支の観点から選択率や収率の扱いについて以下の例題で学ぼう．

[例題 1.10] エチレンは，触媒を用いてエタンの脱水素によりつくられる．この系では目的物のほかにメタンが生成する副反応が起こる．

$$C_2H_6 \longrightarrow C_2H_4 + H_2$$

$$C_2H_6 + H_2 \longrightarrow 2CH_4$$

触媒反応器を用いて連続的にエチレンを製造する場合を考えよう．供給ガスとしてエタン 85 mol% と反応に不活性なガス成分 (inert) 15 mol% の混

1.2 収支

```
原料 100 mol  →  [反応器]  →  生成物
n₀(C₂H₆): 85 mol              n₁(C₂H₆) [mol]
n₀(inert): 15 mol             n₁(C₂H₄) [mol]
                              n₁(H₂) [mol]
                              n₁(CH₄) [mol]
                              n₁(inert) [mol]
```

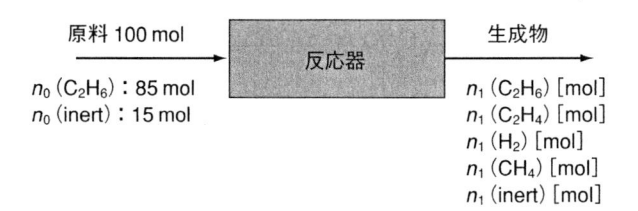

図 1.6 エチレン製造プロセスの収支

合物が流通され，定常状態にあるとき，エタンの反応率は 0.5 で，エチレンの収率は 0.47 であった．このとき，生成物の組成およびエチレンの選択率を求めよ．

[解] 物質収支の基準として 100 mol の原料をとる．反応器まわりのフローの概略を図 1.6 に示す．エチレンに転化したエタン量を x_A，メタンに転化したエタン量を x_B とする．

$$n_1(C_2H_6) = 85 - x_A - x_B, \quad n_1(C_2H_4) = x_A, \quad n_1(H_2) = x_A - x_B, \quad n_1(\text{inert}) = 15$$

$$\text{エタンの反応率} = \frac{x_A + x_B}{85} = 0.5, \quad x_A + x_B = 42.5$$

$$\text{エチレンの収率} = \frac{\text{エチレンに転化したエタン量}}{\text{副反応がないと仮定した場合の最大のエチレン生成量}}$$

$$= \frac{x_A}{85} = 0.47$$

$x_A = 40$ mol, $x_B = 2.5$ mol, $n_1(C_2H_6) = 42.5$ mol, $n_2(C_2H_4) = 40$ mol, $n_3(H_2) = 37.5$ mol, $n_1(\text{inert}) = 15$ mol

エチレンの選択率は $x_A/(x_A + x_B) = 40/42.5 = 0.94$　　94%　∎

[例題 1.11] エタノールはエチレンの水和により次の反応でつくられる．

$$C_2H_4 + H_2O \longrightarrow C_2H_5OH$$

このとき副反応

$$2 C_2H_5OH \longrightarrow (C_2H_5)_2O + H_2O$$

が起こり，副生成物としてジエチルエーテルが生成する．

原料として反応器に供給される混合ガスはエチレン,水蒸気,不活性ガス(inert)からなり,反応器出口でのガス組成はエチレン 43.3 mol%,エタノール 2.5 mol%,ジエチルエーテル 0.14 mol%,不活性ガス 9.3 mol%,残りは水蒸気であった.

1)反応器出口ガス(不活性ガスを含む)100 mol を基準にとり,原料組成およびエチレンの反応率,エタノールの収率,エタノールの選択率を求めよ.

2)エチレンの反応率はかなり低い値であることがわかるだろう.この反応器ではなぜ反応率を低くして運転されるのか,その理由を述べよ.(ヒント:ほとんどすべてのエチレンが消費されるように,装置内の滞留時間を長くして操作すると,主な反応生成物はどんな化学種となるだろうか.また,この反応器を用いてエタノールの生産プロセスをつくるには,反応器の後段にどのような装置や操作が必要となるか.)

[解] 物質収支の基準として生成物 100 mol をとり,反応器まわりのフローの概略図を図 1.7 に示す.

1)反応で消費されたエチレン量を x_1,生成したジエチルエーテル量を x_2 として各成分ごとの収支をとる.

C_2H_4 　　$n_0(C_2H_4) - x_1 = 43.3$

H_2O 　　$n_0(H_2O) - x_1 + x_2 = 44.76$

C_2H_5OH 　　$x_1 - 2x_2 = 2.5$

$(C_2H_5)_2O$ 　　$x_2 = 0.14$

不活性ガス (inert) 　　$n_0(\text{inert}) = n_1(\text{inert}) = 9.3$

原料ガス → 反応器 → 出口ガス 100 mol

$n_0(C_2H_4)$ [mol]
$n_0(H_2O)$ [mol]
$n_0(\text{inert})$ [mol]

$n_1(C_2H_4)$: 43.3 mol
$n_1(H_2O)$: 44.76 mol
$n_1(C_2H_5OH)$: 2.5 mol
$n_1((C_2H_5)_2O)$: 0.14 mol
$n_1(\text{inert})$: 9.3 mol

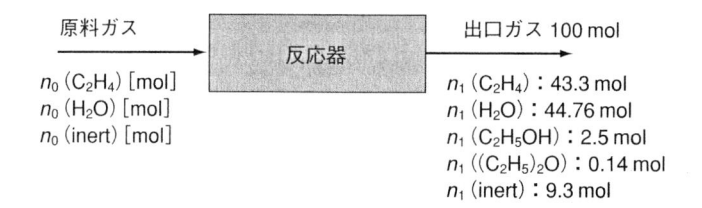

図 1.7 逐次反応に伴うエタノール合成プロセスでの収支

これを解いて, $x_1 = 2.78$ mol, $n_0(\mathrm{C_2H_4}) = 46.08$ mol, $n_0(\mathrm{H_2O}) = 47.4$ mol, $n_0(\mathrm{inert}) = 9.3$ mol

$$\text{エチレンの反応率} = \frac{(46.08 - 43.3)}{46.08} = 0.0603$$

$$\text{エタノールの収率} = \frac{2.5}{46.08} = 0.0542$$

$$\text{エタノールの選択率} = \frac{\text{目的成分に転化した原料成分量}}{\text{反応で消失した原料成分量}} = \frac{2.5}{2.78} = 0.90$$

2) 反応率の高い条件で操作すると,エタノールの選択率が著しく低下して,ジエチルエーテルの収率が大きくなるため,反応率の小さい条件で操作される.この例題のように,目的物質が中間生成物であるような場合の逐次反応では,反応器内の滞留時間を制御する必要がある.

目的物質であるエタノールと副生成物のジエチルエーテルの分離ユニットが必要となる.例えば,反応器出口ガスを冷却して,液体の凝縮物と未反応のエチレンを気体として回収した後に,得られた凝縮物を蒸留してエタノールとジエチルエーテルを分離する. ■

化学プロセスでは,反応器出口でも未反応物質が多く含まれることがある.このような場合は,流通式反応器を一度通過した反応器出口流れを分離装置に接続して目的物質を分離したあとで,残りの未反応物質を反応器の原料としてリサイクルすることが行われる.反応器入口流れと出口流れから算出される反応率は小さいが,反応器と分離装置,リサイクル流れを組み合わせた装置全体の囲みでみた場合の反応率(総括反応率)を大きくすることができる.このような操作は,窒素と水素を原料としてアンモニアを製造する工程でも行われている.

リサイクル流れを含む操作をリサイクル操作と呼び,流れが複雑になることから,物質収支をとる囲みを適切に選ぶことで,計算を簡単化できる.囲みには装置まわりだけでなく,合流点や分岐点まわりを選ぶことができる.また,物質収支だけでなく元素収支により計算が容易になることがある.

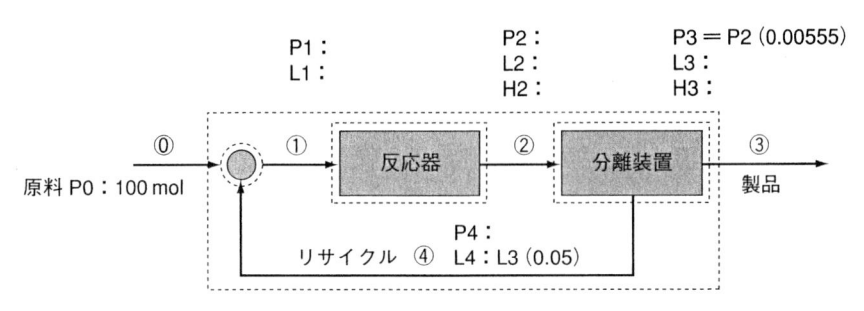

図1.8 リサイクルを伴うプロピレン合成プロセスの収支

```
                    P1:            P2:              P3 = P2 (0.00555)
                    L1:            L2:              L3:
                                   H2:              H3:

         ⓪       ①   [反応器]  ②  [分離装置]  ③
原料 P0: 100 mol ─→ ○ ──────→          ──────→ 製品
                    ↑
                    │           P4:
                    └─── リサイクル ④ L4: L3 (0.05)
```

表1.6 プロピレン製造プロセスでの各フロー組成

番号 成分	0	1	2	3	4
C_3H_8, P	100	996	901	5	896
C_3H_6, L	0	4.8	99.8	95	4.8
H_2, H	0	0	95	95	0
全成分	100	1001	1095.8	195	901

[**例題1.12**] プロピレン(L)は次の反応により,触媒反応器を用いてプロパン(P)の脱水素反応により製造される.

$$C_3H_8 \longrightarrow C_3H_6 + H_2$$

このプロセスのフローシートを**図1.8**に示す.供給ガスは純プロパンで,分離装置から出る二つのガスのうち,一つは製品として取り出される.この製品ガスは水素,プロピレンに加えて,分離装置入口ガス中のプロパン量の0.555 mol%を含む.もう一つのガスは,未反応のプロパンと,製品ガス中のプロピレンの5 mol%に相当する量のプロピレンからなり,反応器の前の,供給ガスとの混合点にリサイクルされる.このプロセスは,プロピレンの総括転化率(プロセスへの流入量に対して製品に転化した割合)が95%となるように設計されている.このとき,製品ガス組成とリサイクル比(リサイクル流れの総モル量)/(補給原料の総モル量)を求めよ.

[解] 与えられた条件をもとに各フローに 0〜4 の番号をつける．原料プロパン 100 mol を基準にとり，各フローの組成を示す．

プロパンの総括転化率 0.95 と，最も大きい囲みの収支より，

P3 = (100)(1 − 0.95) = P2(0.00555), P3 = 5 mol なので P2 = 901 mol.

総括の元素 C の収支より

(100)(3) = (3)(5) + (3) L3，これより L3 = 95 mol

総括の元素 H の収支より

(100)(8) = (8)(5) + (6)(95) + (2)H3，これより H3 = 95 mol

リサイクル流れでは L4 = (0.05)(95) = 4.75 ≒ 4.8 mol

分離装置まわりでのプロパン収支より

P2 = P3 + P4，901 = 5 + P4 なので，P4 = 896 mol

分離装置まわりでのプロピレン収支より

L2 = L3 + L4，L2 = 95 + 4.8 = 99.8 mol

混合点まわりでのプロパン収支より

P1 = P0 + P4，P1 = 100 + 896 = 996 mol

製品ガス組成は C_3H_8：5/195 = 0.0026，2.6 mol%，C_3H_6：95/195 = 0.487，48.7 mol%，H_2 = 95/195 = 0.487，48.7 mol%

リサイクル比は (P4 + L4)/100 = 901/100 ≒ 9   ■

1.2.5 エネルギー収支

エネルギーにはさまざまな形態があり，物質の分子構造と状態によって決まる内部エネルギーと，地表に対する位置と運動によって定まる外部エネルギー（運動エネルギー，位置エネルギー，仕事）および熱エネルギーなどがある．熱力学の第 1 法則はエネルギー保存の原理を表しており，ある系について次のように書かれる．

$$\begin{bmatrix}\text{流入物質に伴う}\\\text{エネルギー総量}\end{bmatrix} - \begin{bmatrix}\text{流出物質に伴う}\\\text{エネルギー総量}\end{bmatrix} + \begin{bmatrix}\text{外から系に加わる}\\\text{エネルギー総量}\end{bmatrix} - \begin{bmatrix}\text{系が外に向けて}\\\text{する仕事総量}\end{bmatrix} = \begin{bmatrix}\text{エネルギーの}\\\text{蓄積総量}\end{bmatrix} \quad (1.9)$$

化学プロセスでは物質の物理的，化学的な操作を行うことが主であり，動力やエネルギーを取り出すことは少ない（エネルギー操作は第3章で学習する）．物理的，化学的操作の場合には，運動エネルギーや位置エネルギーを無視できる．系への物質の出入りがないような回分操作では，系内の物質の内部エネルギー U，熱エネルギー Q，系が外に向けてする仕事 W として，(1.9) 式は，操作のはじめと終わりの内部エネルギー，U_1, U_2 を用いて $\Delta U = U_2 - U_1$ とすれば，

$$\Delta U = Q - W \tag{1.10}$$

と書ける．さらに，物質の物理的，化学的変化は一定圧力の下で起こることが多く，系に対して定圧変化で出入りするエネルギーを，内部エネルギー U と仕事 pV の和で表されるエンタルピーとして扱うことで，エネルギー収支を簡略化できる．定圧下の回分操作におけるエネルギー収支は，はじめと終わりのエンタルピー，H_1, H_2 を用いて，

$$H_2 - H_1 = Q \tag{1.11}$$

と書かれ，また，定常状態の流通操作に対しては，流入 (in) と流出 (out) の間に，

$$H_{\text{out}} - H_{\text{in}} = Q \tag{1.12}$$

の関係がある．(1.11), (1.12) 式は，系に加えられた熱エネルギーはエンタルピー増加に使われることを示しており，このことを**熱収支** (heat balance) と呼ぶ．熱収支をとる際には，基準温度のとり方に留意する．

1.2.6 物理的過程の熱収支

物質を加熱または冷却すると，温度が変化するか，もしくは一定温度で相の変化が生じる．常圧 (101.3 kPa) 下での氷の加熱の例を考えよう．加熱とともに氷温は上昇するが，273 K に達すると溶解し始め，完全に溶解するまで温度は変化しない．完全に溶解した後には加熱とともに温度は上昇する．氷に加えられた熱には，物質の温度変化として現れる**顕熱** (sensible heat)

と，温度変化として現れないが，相転移に伴って吸収，放出される**潜熱** (latent heat) がある．潜熱には融解熱，蒸発熱のほかに昇華熱や結晶の転移に関わる転移熱などがある．

ある一定量の物質の温度を 1 K 上昇させるために必要な熱量を**熱容量** (heat capacity) と呼ぶ．単位質量当たりの熱容量を比熱容量（比熱とも呼ばれる）[J kg^{-1} K^{-1}] という．また，物質量基準のモル熱容量 [J mol^{-1} K^{-1}] も用いられる．比熱容量は，定圧下での値 c_p と体積一定の条件での c_v の 2 種類があり，小文字で表記される．一方，モル熱容量はそれぞれ C_p, C_v と大文字で表記されることが多い．

固体と液体では c_p と c_v（C_p と C_v）の差はほとんどなく，温度による値の変化も小さい．一方，気体の場合は両者の値が大きく異なり，**理想気体** (ideal gas) では，気体定数 $R = C_p - C_v$ の関係が成立する．実測値として C_p が多く報告されており，温度 (T) による C_p の変化は次の多項式で表される．

$$C_p = a + bT + cT^2 \tag{1.13}$$

定数 a, b, c は『化学工学便覧』（参考書 4）に掲載されている．

温度が T_1 から T_2 まで変化する場合の平均比熱容量（モル熱容量）について，固体や液体では温度範囲があまり大きくない場合，範囲の両端での平均温度に相当する比熱容量（モル熱容量）を用いる．気体では，次式により平均のモル熱容量を求めることができる（添字 av は平均を表す）．

$$C_{p\text{av}} = \int_{T_1}^{T_2} \frac{C_p dT}{T_2 - T_1} = a + \frac{b}{2}(T_2 + T_1) + \frac{c}{3}(T_2{}^2 + T_2 T_1 + T_1{}^2) \tag{1.14}$$

[**例題 1.13**] 101.3 kPa の定圧の下で，253 K の氷 100 g を 400 K の水蒸気にするために必要な熱量を求めよ．ここで，氷，水，水蒸気の比熱容量はそれぞれ 2.029, 4.186, 1.97 kJ kg^{-1} K^{-1} であり，氷の融解熱を 335 kJ kg^{-1}，373 K における水の蒸発熱を 2257 kJ kg^{-1} とする．

[**解**] 全エンタルピー変化を顕熱と潜熱に分けて考える．顕熱に関する過程は氷を 253 K から 273 K に，水を 273 K から 373 K に，水蒸気を 373 K から 400 K に

する過程であるので，顕熱変化は，

$$\sum c_p \Delta T = \{(2.029)(273-253) + (4.186)(373-273) + (1.97)(400-373)\}$$
$$= 40.58 + 418.6 + 53.19 = 512.4 \, \text{kJ kg}^{-1}$$

潜熱 (L) 変化は氷の融解と水の蒸発潜熱の和で，

$$\sum L = (335) + (2257) = 2592 \, \text{kJ kg}^{-1}$$

全エンタルピー変化，ΔH は

$$\Delta H = (100/1000)(512.4 + 2592) = 310.4 \, \text{kJ}$$

この熱量は最低限必要なもので，実際には熱損失があるためこれ以上の加熱が必要となる． ■

1.2.7 化学反応に伴うエンタルピー変化

化学反応により物質が生成したり消滅したりする際にはエンタルピー変化が生じ，これは**反応熱** (heat of reaction) と呼ばれている．化学反応の前後での原料と生成物のエンタルピー差を論ずるには，異なる物質の間でのエンタルピー差を定義しなければならない．そこで，温度 298.2 K，圧力 101.3 kPa のとき，物質の構成成分元素の単体からその物質を生成するときの反応熱を，その物質の**標準生成エンタルピー** (standard enthalpy of formation) とする．

これにより，A + bB → cC + dD で表される反応の反応熱 ΔH_R^0 は，各成分の標準生成エンタルピー ΔH_F^0 を用いて，

$$\Delta H_R^0 = c\Delta H_{F,C}^0 + d\Delta H_{F,D}^0 - (\Delta H_{F,A}^0 + b\Delta H_{F,B}^0) \quad (1.12)$$

で表される．ここで，発熱反応では ΔH_R^0 の値は負となり，吸熱反応では ΔH_R^0 の値は正となる．

[**例題 1.14**] 硫酸の製造プロセスでは，SO_3 を得るために触媒反応器を用いて次の反応で SO_2 が空気酸化されている．

$$SO_2 + \frac{1}{2}O_2 \rightarrow SO_3$$

原料として SO_2 を 8 mol% 含む 673 K の空気を 100 mol h^{-1} で反応器に連続的に供給し，出口での SO_2 の反応率が 80 % となるように運転している．簡単化のため，空気は窒素と酸素からなり，それぞれの分圧が 0.79, 0.21 であると仮定する． SO_2, SO_3 の 298 K における標準生成熱 ΔH_F^0 [kJ mol^{-1}] はそれぞれ -297.0, -395.2 であり，各成分のモル熱容量 C_p [J mol^{-1} K^{-1}] は (1.14) 式と表 1.7 の定数を用いて求められる．

1) 反応器出口での混合物の組成を求めよ．
2) この反応の反応熱を求めよ．
3) 反応器出口での混合物の温度を求めよ．

[解] 物質収支の基準として原料 100 mol h^{-1} とする．

1) 反応器入口での各成分の流量は，SO_2：$(100)(0.08) = 8$ mol h^{-1}, O_2：$(100)(1-0.08)(0.21) = 19.3$ mol h^{-1}, N_2：$(100)(1-0.08)(0.79) = 72.7$ mol h^{-1} これより，反応器出口では SO_2：$(8)(1-0.8) = 1.6$ mol h^{-1}, SO_3：$(8)(0.8) = 6.4$ mol h^{-1}, O_2：$19.3 - (0.5)(6.4) = 16.1$ mol h^{-1}, N_2：72.7 mol h^{-1} となる．

反応器まわりのフローチャートを図 1.9 に示す．

2) (1.12) 式の係数は $b = 1/2$, $c = 1$, $d = 0$ であり，(1.12) 式は

表 1.7 各物質のモル熱容量に関するパラメータ

	a	$b \times 10^3$	$c \times 10^6$
SO_2	29.058	41.88	-15.874
O_2	25.594	13.251	-4.205
SO_3	29.636	83.92	-29.186
N_2	27.016	5.812	-0.289

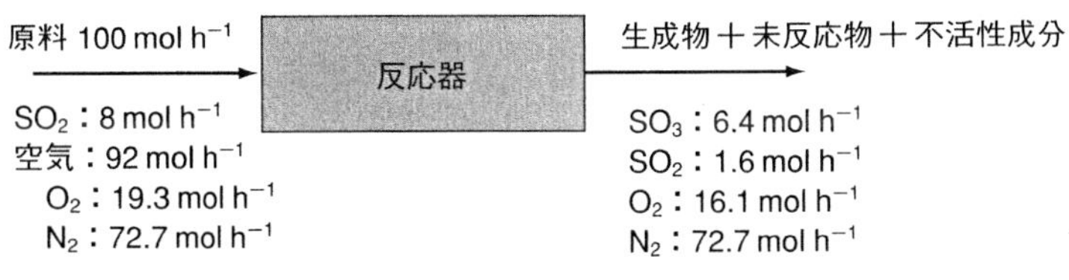

原料 100 mol h^{-1} → 反応器 → 生成物＋未反応物＋不活性成分

SO_2：8 mol h^{-1}
空気：92 mol h^{-1}
　O_2：19.3 mol h^{-1}
　N_2：72.7 mol h^{-1}

SO_3：6.4 mol h^{-1}
SO_2：1.6 mol h^{-1}
O_2：16.1 mol h^{-1}
N_2：72.7 mol h^{-1}

図 1.9 SO_2 の空気酸化プロセスの収支

$$\Delta H_R^0 = \Delta H_{f,SO_3}^0 - \Delta H_{f,SO_2}^0 - \frac{1}{2}\Delta H_{f,O_2}^0$$

ここで，$\Delta H_{fO_2}^0 = 0$ であるので

$$\Delta H_R^0 = (-395.2) - (-297.0) = -98.2 \text{ kJ mol}^{-1}$$

反応熱が負となるため，この反応は発熱反応である．

3）エンタルピー収支をとるための基準温度を 298 K とする．総括エンタルピー変化を求めるには，反応器内での発熱反応によるエンタルピー変化を考慮する必要がある．

まず，反応器へのエンタルピー流入速度 H_{in} は

$$H_{in} = \sum F_{j0} H_{j0} = \sum F_{j0} C_{p_{av}j} (673 - 298)$$

$$\{(8)(45.5) + (19.3)(31.0) + (72.7)(29.8)\}(10^{-3})(380) = 1190 \text{ kJ h}^{-1}$$

反応によるエンタルピー変化は反応熱と反応量の積で与えられ，

$$(-98.2 \text{ kJ mol}^{-1})(6.4 \text{ mol h}^{-1}) = -629 \text{ kJ h}^{-1}$$

反応器出口での温度を仮定して顕熱変化によるエンタルピー流出速度を求め，反応によるエンタルピー変化との和をエンタルピー流入速度と比較して，両者が一致するように試行錯誤を行う．

出口温度を 873 K と仮定すると，

$$\sum F_{j0} H_{j0} = \sum F_{j0} C_{p_{av}j} (T_{out} - 298)$$

$$\{(1.6)(47.7) + (16.1)(31.8) + (6.4)(68.0) + (72.7)(30.3)\}(10^{-3})(575)$$
$$= 1860 \text{ kJ h}^{-1}$$

$H_{out} = (-629) + (1860) = 1230 \text{ kJ h}^{-1}$ となり，流入速度と一致しないため，T_{out} を仮定し直す．

$T_{out} = 862$ K とすれば，

$$\sum F_{j0} C_{p_{av}j}(862 - 298) = (3222.4)(10^{-3})(564) = 1817.4 \text{ kJ h}^{-1}$$

$$H_{out} = (-628.5) + (1817.4) = 1188.9 \text{ kJ h}^{-1}$$

したがって，出口温度は 862 K となる．■

1.2.8 非定常状態での収支

これまでは，物質やエネルギーについて定常状態での収支を取り扱ってき

たため，蓄積や生成がなかった．定常状態のもとでは，濃度や温度の時間的な変化はないが，装置を起動させたり，操作条件が変わった場合には，濃度や温度が時間とともに変化する**非定常状態**（unsteady state）となる．これらの変化は蓄積項で表され，収支式は微分方程式となる．以下の例題により，蓄積の表し方と収支式から量の時間変化が表されることを学ぼう．

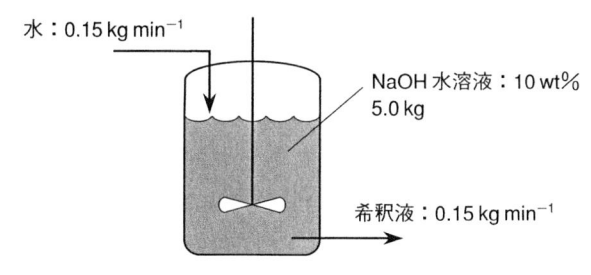

図1.10 NaOH水溶液の希釈

[**例題 1.15**] 図 1.10 に示す容器に 10 wt% の NaOH 水溶液が 5.0 kg 入っている．この容器に水を $0.15\,\mathrm{kg\,min^{-1}}$ の流量で供給して希釈すると，時間経過とともに溶液濃度が変化する．容器内は十分に撹拌されており，ある時刻での溶液濃度は場所によらず一定値となる．供給水と同じ流量で希釈液を抜き出すとき，NaOH 濃度が 0.1 wt% になる時間を求めよ．

[**解**] 非定常状態であるので，NaOH の物質収支をとる際に容器内での蓄積を考える．

$$(\text{NaOHの流入}) - (\text{NaOHの流出}) = (\text{NaOHの蓄積})$$

となり，流入 = 0 である．容器内での NaOH 濃度を x [wt%]，時刻 t [min]，時刻 dt だけ過ぎたあとの時刻 $t+dt$ では濃度が $x+dx$ に変化しているとする．
蓄積量は時間 dt の間で，（濃度の変化量）（溶液量）= $\{(x+dx)-x\}(5.0)$
時間 dt の間で NaOH の流出量は，（液流量）（溶液濃度）（時間）= $(0.15)(x)(dt)$ と表される．このときの流出液の溶液濃度は x と書かれることに注意すべきである．

ある時刻 t で濃度 x の溶液が出ていったことにより，dt 後に容器の濃度が変化して $x + dx$ になったと考える．

収支式を書くと微分方程式となり
$$dx = -0.03\,xdt$$
積分して初期条件 $t = 0$，$x = 0.1$ を代入すると
$$\ln\frac{x}{0.1} = -0.03\,t$$
$x = 0.001$ を代入して t を求めると，154 min が得られる．■

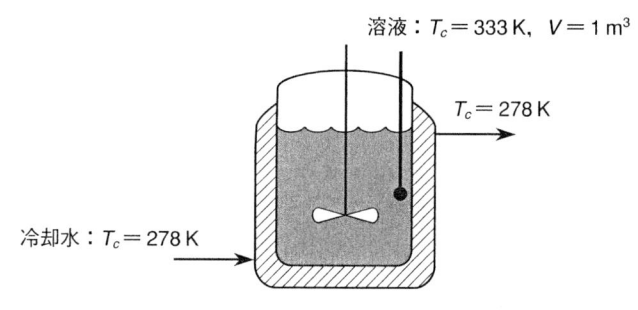

図 1.11 反応後の溶液冷却における熱収支

[例題 1.16] 図 1.11 に示すように，ジャケット付きの反応槽に反応後の温度が 333 K になった 1.0 m³ の溶液が入っている．ジャケットに 278 K の冷却水を流通して溶液を冷却するとき，1 時間後の溶液の温度を求めたい．伝熱面積は 5.0 m² で，溶液と冷却水間の伝熱係数 h は 300 W m^{-2} K^{-1}，溶液の比熱容量 c_p と密度 ρ は水と等しく，それぞれ 4200 J kg^{-1} K^{-1}，990 kg m^{-3} で，容器内はよく混合されており温度は一様で，容器の熱容量や熱損失は無視できるほど小さいとする．また，冷却水の流量は十分に大きいため，ジャケット内の冷却水の温度を 278 K として，温度上昇がないものとする．

[解] 時刻 t における溶液の温度を T，時間 dt の経過したあとに溶液温度が dT だけ変化したとする．熱収支式は（溶液から冷却水への伝熱速度）=（溶液の蓄熱速度）であり，伝熱速度についての詳細は第 3 章で学習するが，伝熱係数 h，伝熱面

積 A と温度差 $T - T_c$ の積で表される．蓄熱速度は溶液の比熱容量 c_p，溶液密度 ρ，溶液体積 V と時間 dt あたりの溶液温度の変化 dT の積で書かれる．このとき温度変化は減少の方向なので符号を考えて，収支式は

$$hA(T - T_c) = -c_p \rho V \frac{dT}{dt}$$

と書かれる．ここで，V は溶液体積，T_c は冷却水温度である．整理すると，

$$\frac{dT}{T_c - T} = \frac{hA}{c_p \rho V} dt$$

となり，これを積分する．初期条件は $t = 0$ で $T = 333$ K であるので，

$$\frac{333 - T_c}{T - T_c} = \exp\left(\frac{hAt}{c_p \rho V}\right)$$

$T_c = 278$ K および与えられた条件より

$$\frac{333 - 278}{T - 278} = \exp\left\{\frac{(300)(5.0)(3600)}{(4.2 \times 10^3)(990)(1.0)}\right\}$$

これを解いて $T = 293$ K を得る．■

1.2.9 移動速度に関する基礎式

流体および固体において，熱，物質および運動量が移動する場合の温度，濃度および速度の分布を求めるための基礎式は収支式から導かれる．移動が起こっている部分の形状（平板，円柱，球）に対応する微小要素（薄い平板，薄い円筒および球殻）について移動量の収支をとって微分方程式をつくり，境界条件を考慮して解くことで，分布を求めることができる．次の例題で，熱移動の場合の取り扱いを学ぼう．

[**例題 1.17**] 両面の温度が異なる金属平板中の厚み方向で，熱伝導により熱が移動している．文字を必要に応じて定義して，以下の問に答えよ．

1）温度分布を計算するための基礎式を求めよ．

2）熱移動が定常状態であり，板の両側の表面温度がそれぞれ T_1, T_2 である場合の温度分布を表す式を求めよ．

[**解**] 1）伝導による熱移動が起こっている場合には，熱の移動速度（熱流束），q は第3章で詳しく述べるようにフーリエの法則に従い，以下の式で書かれる．

$$q = -\lambda \frac{\Delta T}{\Delta x}$$

q は $[\mathrm{W\,m^{-2}}]$ の単位をもち，x 方向の温度 T の勾配 ($\Delta T/\Delta x$) に比例する．比例定数 λ を熱伝導率と呼び，$[\mathrm{W\,m^{-1}\,K^{-1}}]$ の単位をもつ．

平板内に厚み Δx の薄い板を考え，ここでのエネルギーの収支をとる．(1.3) もしくは (1.9) 式において関係する項のみ考えると，

$$\begin{bmatrix}熱伝導による\\エネルギー流入\end{bmatrix} - \begin{bmatrix}熱伝導による\\エネルギーの流出\end{bmatrix} = \begin{bmatrix}エネルギー\\の蓄積\end{bmatrix}$$

$$A q_x - A q_{x+\Delta x} = c_p \rho V \frac{\Delta T}{\Delta t}$$

ここで，A は薄い板の面積 $[\mathrm{m}^2]$，V は薄い板の体積 $[\mathrm{m}^3]$，c_p は板の比熱容量 $[\mathrm{J\,kg^{-1}\,K^{-1}}]$，$\rho$ は板の密度 $[\mathrm{kg\,m^{-3}}]$ を表す．$V = A\Delta x$ と書けるので，

$$q_x - q_{x+\Delta x} = c_p \rho \Delta x \frac{\Delta T}{\Delta t}$$

微分の定義より，

$$-\frac{q_{x+\Delta x} - q_x}{\Delta x} = c_p \rho \frac{\Delta T}{\Delta t}$$

$$\frac{\partial}{\partial x}\left(\lambda \frac{\partial T}{\partial x}\right) = c_p \rho \frac{\partial T}{\partial t}$$

この式が基礎式となり，これを解くことで任意の時間 t での金属板の厚み方向の位置 x における温度 T を求めることができる．

2）図 1.12 に，両側の温度が一定の場合の平板内の熱移動の概念を示す．定常状態では蓄積項がゼロなので，基礎式は

$$-\frac{dq}{dx} = 0$$

と簡単になり，題意より境界条件は

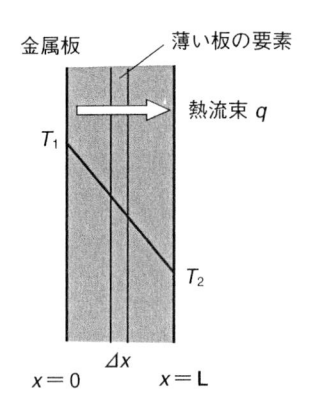

図 1.12　平板中の定常熱伝導

$$x = 0, \ T = T_1$$
$$x = L, \ T = T_2$$

であるので，積分すると，

$$T = T_1 + (T_2 - T_1)\frac{x}{L}$$

この式は平板内での温度分布を与え，分布は直線の形となる． ■

正解はひとつではない

　本書の例題や演習問題では，正解が一つとなるように，条件や前提がそろえられているし，いくつも正解があるような問題は大学の入学試験には現れない．ところが，技術者や研究者の抱える大きな課題は，ある物質の生産コストを X % 削減するとか，200 万円で販売できる燃料電池自動車や自宅に置ける人工透析器の開発といったもので，実現に至るための解はいくつもある．もしそうでなければ，競合するメーカーはなくなってしまう．

　開発は，多くのアイデアから選択したものに対応する技術課題を見いだして，それを解くことを繰り返しながら進められている．技術課題とは，問題をつくることであり，条件や仮定の選択が解を大きく左右する．実は，条件をどうとらえるか，どのような仮定をおくか，ということのほうが，解くよりも難しいことがある．

　学生がこのような課題にグループで取り組む力を養うため，創成型と呼ばれる授業の導入が世界的に行われている．テーマの一例として，ChemE-car 競技を紹介しよう．化学エネルギーを動力源として自走する車をデザインして，所定の重量の荷物を決められた距離に運んで止めることを目的に，ルールの制限の中で目的達成の度合いを競う．何を動力とするか？　どうやって止めるのか？　という問いかけを行い，制限の中で実現可能な解を求めていく活動を通して，問題をつくり出す能力を育てようというものである．学生に，自ら進んで考えるエンジニアへの成長を期待する，化学工学版のロボコンともいえる．この競技はアメリカ化学工学会（AIChE）で始まった．詳細に興味ある方は "chem e car" で Web を検索されたい．

演習問題

[1] 次の量を SI 単位に変換せよ．
(1) 1.2 g cm^{-3}　(2) $27\ ℃$　(3) 4600 kcal h^{-1}　(4) 50 km h^{-1}

[2] 次の物理量の次元を求めよ．
(1) 加速度　(2) 力　(3) 圧力　(4) エネルギー

[3] 10 wt% の NaOH 水溶液 50 kg を加熱して濃縮し，25 wt% の水溶液を得たい．どれだけの水を蒸発させればよいか．

[4] 内径 2 インチ (0.0529 m) の管に窒素が流れている．この気体の流量を測定するため，管内に CO_2 を $500 \text{ cm}^3 \text{ s}^{-1}$ の流量で注入し，十分に混合された下流の位置で CO_2 濃度を測定したところ，2 vol% であった．この測定結果より窒素流量を求めよ．

[5] エタノールを 20 wt% 含むエタノール水溶液を流量 500 kg h^{-1} で連続的に蒸留塔に送り，塔頂からエタノール 95 wt% の製品を，回収率（製品エタノール流量/供給エタノール流量）90 mol% で回収したい．このとき，塔底から得られる液の流量 $[\text{kg h}^{-1}]$ およびエタノール濃度 [wt%] を求めよ．

[6] 乾量基準で 8 wt% の水を含む，湿り材料 500 kg を乾燥して乾量基準で 0.3 wt% の含水率としたい．除くべき水の量はどれだけか．

[7] 一酸化窒素，NO は NH_3 の酸化により次の反応でつくられる．

$$4NH_3 + 5O_2 \longrightarrow 4NO + 6H_2O$$

(1) 反応器に NH_3 を 100 mol h^{-1} で連続的に供給して反応を完全に進行させる場合，酸素を量論比より 20 % 過剰に供給することとする．必要な酸素流量 $[\text{mol h}^{-1}]$ はいくらか．

(2) NH_3 の反応器への供給速度が 40 kg h^{-1}，酸素が 100 kg h^{-1} であるとき，限界反応成分は何か．反応が完全に進行したと仮定して，生成される NO の流量 $[\text{kg h}^{-1}]$ を求めよ．

[8] 触媒反応器を用いて，メタノールを CO と H_2 を原料として連続的に製造するプロセスがつくられた．CO と H_2 からなるフレッシュな原料は，反応器に入る前にリサイクル流れと混合されて反応器に導かれる．反応器出口での混合物の全流量は 250 mol h^{-1} で，組成は H_2 95.8 mol%，CO 1.9 mol%，CH_3OH

2.3 mol%である．この混合物は凝縮器に送られ，メタノールは凝縮されて液体として回収されている．凝縮器を出たガスはリサイクル流れとして送られ，このガスにはメタノールが 0.4 mol%含まれている．
(1) フレッシュ原料中の CO と H_2 の流量 [mol h^{-1}] を求めよ．
(2) メタノールの生成速度 [mol h^{-1}] を求めよ．
(3) このプロセスが稼動して数ヶ月が経過した後，メタノールの生成速度の低下がみられた．原因として考えられるものを複数あげよ．

[9] 15℃ の水 50 kmol を 60℃ に加熱したい．熱源として 100℃ の水蒸気が利用でき，水中に取り付けたコイル状の管内に流通された水蒸気は凝縮して水に熱を伝える．熱損失はないものとして，水の加熱に必要な水蒸気量を求めよ．水の比熱容量は 4.186 kJ kg^{-1} K^{-1} であり，373K での水の蒸発潜熱は 2257 kJ kg^{-1} である．

参 考 書

1) 化学工学会編：『化学工学 －解説と演習－』第 3 版，槇書店 (2006)．
2) 水科厚郎・荻野文丸：『輸送現象』産業図書 (1981)．
3) R. Bird, W. Stewart, E. Lightfoot：『Transport Phenomena』2nd ed., Wiley (2002)．
4) 化学工学会編：『化学工学便覧』第 6 版，丸善 (1999)．

第2章 流　　動

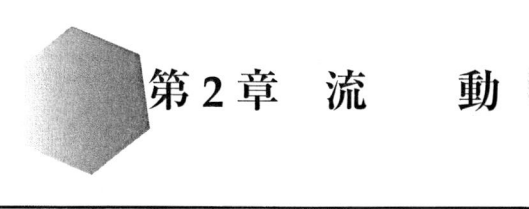

　流動は工業プロセスのみならず日常的な現象であり，流体を移動させる操作を取り扱ううえで基本となる学習分野である．本章では，静止流体の力学から出発し，第1章で学習したエネルギー収支の考え方を用いて，非圧縮性流体の管内流のエネルギー収支について学習する．これをもとに管路の圧力損失と所要ポンプ動力を算出する手法を身に付け，最後に圧縮性流体の簡単な取り扱いについても学ぶ．

使　用　記　号

A：面積 [m^2]	H, h：ヘッド [m]	Re：レイノルズ数 [−]
C：流量係数 [−]	H, x, y, z：位置，距離 [m]	T：温度 [K]
c_p：定圧比熱容量 [J kg^{-1} K^{-1}]	K：損失係数 [−]	t：時間 [s]
D：管の直径 [m]	L：管の長さ [m]	v：流速 [m s^{-1}]
E：エネルギー [J kg^{-1}]	L_e：相当長さ [m]	ε：等価粗さ [−]
F：力 [N]	M：質量流量 [kg s^{-1}]	ε_M：渦動粘性係数 [Pa s]
f：管摩擦係数 [−]	P：圧力 [Pa m^{-2}]	τ：せん断応力 [Pa]
f'：ファニングの摩擦係数 [−]	Pr：プラントル数 [−]	δ：距離 [m]
g：重力加速度 [m s^{-2}]	Q：体積流量 [m^3 s^{-1}]	μ：粘性係数，粘度 [Pa s]
	r：回復係数 [−]	ρ：密度 [kg m^{-3}]
	r：円管の半径 [m]	π：円周率 [−]

2.1　流体の流れの基礎

2.1.1　流体の物理的性質

　流体の性質を示す量として，**密度** (density) と**粘性係数** (粘度) (coefficient of viscosity, viscosity) がある．密度は単位体積当たりの質量であり，密

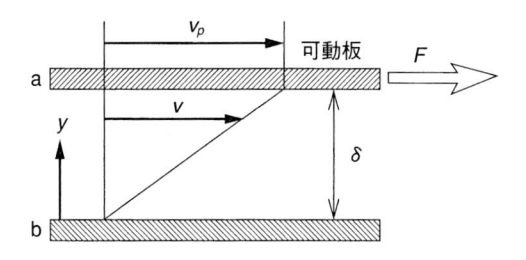

図 2.1　流体にはたらくせん断応力

度の逆数は**比体積**（specific volume）と呼ばれ，気体を取り扱ううえでよく用いられる．

一方，流体中で運動するものはそれと接する流体から抗力を受ける．この性質を流体の**粘性**（viscosity）という．

図 2.1 に示すように，流体中に二枚の平板 a, b があり，平板 a を速度 v_p で動かす流動の場合を考える．平板 a に加わる力 F は，流体から力が加わる面の面積 A と平板の速度 v_p に比例し，b との距離 δ に反比例することが容易に想像できる．したがって，

$$F \propto \frac{Av_p}{\delta} \tag{2.1}$$

平板によって流体を動かす力，すなわち流体の単位面積当たりにかかる力（＝ **せん断応力**）（shear stress）τ は，

$$\tau = \frac{F}{A} \tag{2.2}$$

で表される．これより，流体の速度が v のときに加わるせん断応力は，流れに対し垂直方向の距離を y とすると，次の**ニュートンの粘性法則**（Newton's law of viscosity）の式で表されることがわかる．

$$\tau = \mu \frac{dv}{dy} \tag{2.3}$$

この式中の比例定数 μ を**粘性係数**(**粘度**)(coefficient of viscosity, viscosity) と呼ぶ．粘性係数 μ は流体に特有な値であり，流体では低い温度であるほど高く，気体では高い温度であるほど高い値となる．粘性係数は流体の流動を考える際の重要な物性値である．また，(2.3) 式中の速度勾配が変化してもその値が変化しない流体を**ニュートン流体**(Newtonian fluid) という．多くの気体や液体はニュートン流体として取り扱えるが，高分子流体や高濃度懸濁液などは粘性係数が変化し，**非ニュートン流体**(non-Newtonian fluid) と呼ばれる．

一方，乱れの強い流動では，流れは不規則かつ乱雑であり，流体に働くせん断応力は，

$$\tau = \rho(\nu + \varepsilon_M)\frac{dv}{dy} \tag{2.4}$$

と表せる．ここで，ρ は流体の**密度**(density)，ν は**動粘性係数**($= \mu/\rho$) (dynamic viscosity)，ε_M は**渦動粘性係数**(eddy viscosity) で流体渦混合による運動量輸送の効果を示し，乱流特有の値である．

2.1.2 流体の静的性質

圧力とは，任意の面に垂直に作用する単位面積当たりの力の大きさであり，1 Pa は質量 1 kg の物体に加速度 1 m s^{-2} を与えるときに加える力の大きさである．

なお，単位 [Pa] は他の単位と次の相関がある．

$$1\,\text{Pa} = 1\,\text{N m}^{-2} = 1\,\text{kg m s}^{-2} = 9.869 \times 10^{-6}\,\text{atm} \tag{2.5}$$

$$1\,\text{atm} = 0.1013\,\text{MPa} = 1.013 \times 10^5\,\text{Pa} \tag{2.6}$$

流体中の圧力は全方向に同じ強さで伝えられ，これは**パスカルの原理**(Pascal's law) と呼ばれる．これを**図 2.2** に示すような管路でつながれた二つのピストンで考えることにする．

ピストンの断面積を A_1, A_2 とし，それぞれのピストンに働く力を F_1, F_2

2.1 流体の流れの基礎

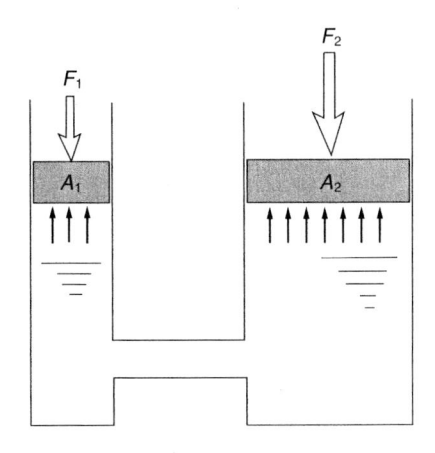

図 2.2 パスカルの原理

とすると，それぞれの面に加わる力を面積で割れば圧力が計算でき，パスカルの原理から

$$\frac{F_1}{A_1} = \frac{F_2}{A_2} \tag{2.7}$$

と表すことができる．

一方，ファン動力など，比較的低い圧力を表す際に水柱あるいは水銀柱を使用することがある．これは，ある面に加えられる圧力により，水または水銀を押し上げる高さを示す．液柱高さ（＝ **ヘッド**）(head) を H，流体の密度を ρ，重力加速度を g とすると，単位面積当たりに加わる力，すなわち圧力 p は

$$p = \rho g H \tag{2.8}$$

で表すことができる．これを用いて，水柱 1 mm [= 1 mm-H_2O]，水銀柱 = 1 mm-Hg は，

$$1 \text{ mm-}H_2O = 9.81 \text{ Pa} = 1000 \text{ kg m}^{-3} \times 9.81 \text{ m s}^{-2} \times \frac{1}{1000} \text{ m} \tag{2.9}$$

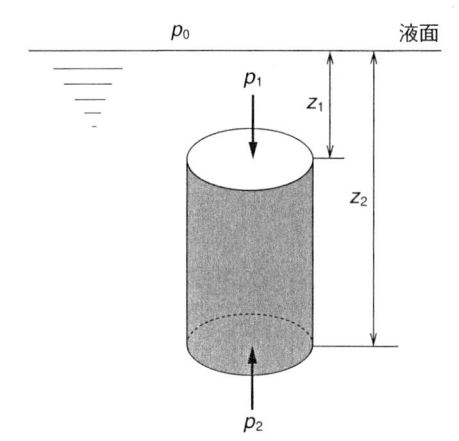

図2.3 液柱の深さと圧力バランス

$$1\,\text{mm-Hg} = 133.4\,\text{Pa} = 13600\,\text{kg m}^{-3} \times 9.81\,\text{m s}^{-2} \times \frac{1}{1000}\,\text{m} \tag{2.10}$$

と換算することができる.

一方,図2.3に示すように,液体中にある仮想的な円柱を考える.円柱は静止し,円柱の上面と下面に働く力はつり合いを保っているので,次式が成り立つ.

$$p_1 A + \rho g(z_2 - z_1)A = p_2 A \tag{2.12}$$

したがって,

$$p_2 - p_1 = \rho g(z_2 - z_1) \tag{2.13}$$

$z_1 = 0$, $p_1 = p_0$ (p_0:液面上の圧力) とすれば,

$$p_2 = p_0 + \rho g z_2 \tag{2.14}$$

この式より,液体中の圧力は深さ z のみで決まり,容器の形状に依存しないことがわかる.

[例題 2.1] 静水面に加わる圧力が標準大気圧のとき,深さ15 mの貯水池の底の圧力を求めよ.

[解] 大気圧を p_0, 水の密度を ρ, 貯水池の深さを H, 重力加速度を g とすると,

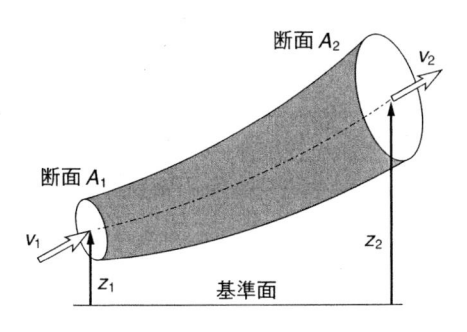

図 2.4 1次元定常流れ

貯水池の底の圧力 p_b は，

$$p_b = p_0 + \rho g H$$
$$= 101 \times 10^3 + (1000)(9.81)(15)$$
$$= 2.48 \times 10^5 \,\text{Pa}$$
$$= 2.48 \times 10^2 \,\text{kPa}$$

2.2 流れの基礎式

図 2.4 のように，任意断面積 A 内を一様に速度 v で流れる定常流を考え，断面 1, 2 の間に成り立つ**質量保存則** (law of conservation of mass)，**エネルギー保存則** (law of conservation of energy)，および**運動量保存則** (law of conservation of momentum) を導くことにする．

2.2.1 質量保存則

流路を流れる流体の質量流量は，流れが定常であるときには任意の断面において一定であるので，質量流量 M は

$$M = \rho_1 v_1 A_1 = \rho_2 v_2 A_2 = 一定 \tag{2.15}$$

また，体積流量を Q とすると，$Q = M/\rho$ なので

$$M = \rho_1 Q_1 = \rho_2 Q_2 = \text{一定} \tag{2.16}$$

2.2.2 エネルギー保存則

エネルギー保存則の式は，管内に流れる流体の圧力や速度変化を求める際に必要となる重要な関係式である．

図 2.4 に示す流体において各断面以外でエネルギーの出入りがなく，流体の粘性による圧力損失が無視できると仮定できる場合，流体が行う仕事，運動エネルギー，位置エネルギーの和が保存される．

断面 A に微小時間 Δt に流入する流速 v の流体の体積は $Av\Delta t$ であるので，流入する質量は $\rho(A_1 v_1 \Delta t)$ となる．したがって，流体がもち込む運動エネルギーは $\rho(A_1 v_1 \Delta t) v_1^2/2$，位置エネルギーは $\rho(A_1 v_1 \Delta t) g z_1$ と導かれる．

一方，断面 A_1 が圧力 p_1 で微小時間 Δt になされる仕事量は $p_1 A_1 v_1 \Delta t$ で表される．したがって，断面 A_1 に単位時間当たり流入する全エネルギーは次式で示される．

断面 A_1 より流入する全エネルギー：

$$p_1 A_1 v_1 \Delta t + \rho(A_1 v_1 \Delta t)\frac{v_1^2}{2} + \rho(A_1 v_1 \Delta t) g z_1 \tag{2.17}$$

同様に，断面 A_2 から流出する全エネルギーを導出すると，

断面 A_2 より流出する全エネルギー：

$$p_2 A_2 v_2 \Delta t + \rho(A_2 v_2 \Delta t)\frac{v_2^2}{2} + \rho(A_2 v_2 \Delta t) g z_2 \tag{2.18}$$

流体から系外に移動するエネルギーがない場合，(2.17) 式と (2.18) 式の間にエネルギー保存則を適用でき，Δt で両辺を割ると次式が成立する．

$$p_1 A_1 v_1 + \rho(v_1 A_1)\frac{v_1^2}{2} + \rho(A_1 v_1) g z = p_2 A_2 v_2 + \rho(v_2 A_2)\frac{v_2^2}{2} + \rho(A_2 v_2) g z_2 \tag{2.19}$$

さらに，(2.15) 式の質量保存則が適用できるとき，(2.19) 式は

2.2 流れの基礎式

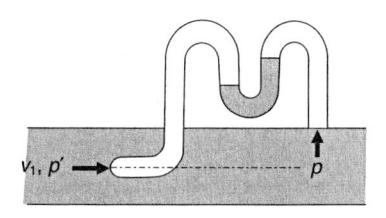

図 2.5 ピトー管による流速測定原理

$$\frac{p_1}{\rho} + \frac{v_1^2}{2} + gz_1 = \frac{p_2}{\rho} + \frac{v_2^2}{2} + gz_2 \tag{2.20}$$

これを書き直すと

$$p + \frac{\rho v^2}{2} + \rho gz = 一定 \tag{2.21}$$

この式は**ベルヌイの式**(Bernoulli's equation)と呼ばれている.式の各項はすべて [Pa] の単位を有し,第1項は**静圧**(static pressure),第2項は**動圧**(dynamic pressure),第3項は**静止流体圧**(potential pressure),第1項と第2項の和を**全圧**(total pressure)という.静圧は流れに垂直な方向の圧力で,動圧は流れに平行方向の圧力を示しており,実際の計測もこれに従って行うことになる.

導いたベルヌイの式を利用して流体の流速を計測する先鋭管(**ピトー管**;章末のコラム参照)を用いた流速の求め方を例に示す.**図 2.5** に示すように,ピトー管は上流側に向かって開口部を設置する.ピトー管先端の開口部では流れがよどみ流速がゼロになることを考えると,

$$p + \frac{1}{2}\rho v^2 = p' \tag{2.22}$$

これよりただちに次式から流速を求めることができる.

$$V = \sqrt{\frac{2(p'-p)}{\rho}} \tag{2.23}$$

2.2.3 運動量保存則

管路などが流体から受ける力を考える場合,運動量保存則が必要となる.

質量流量速度 $M\,[\mathrm{kg\,s^{-1}}]$ の流体が,流速 v_1 で流入し v_2 で流出するとき,流体が受ける x 方向の力を F_x,力が加わる時間を Δt とすると,運動量変化と力積の関係から,

$$F_x \Delta t = M \Delta t (v_{2x} - v_{1x}) \tag{2.24}$$

したがって,

$$F_x = M(v_{2x} - v_{1x}) \tag{2.25}$$

y,z 方向についても同様な関係式が得られる.

2.3 ベルヌイの定理による流れ特性値の算出

ノズル,ベンチュリー管(図 2.7 参照),ならびにオリフィス(図 2.8 参照)のように,絞り部のある流れを取り扱う場合には,上述のベルヌイの式から出発して,それぞれの場合における条件や仮定を適用することにより流速や流量を求めることができる.また,ヘッドタンクに関しても,ある簡単な条件を適用することで,流出口からの流量を求めることができる.

2.3.1 ヘッドタンクの流れ

図 2.6 のようなヘッドタンクからの流れにおいて,出口と水面との間にベルヌイの式を適用すると,

$$\frac{p_1}{\rho} + \frac{v_1^2}{2} + gz_1 = \frac{p_2}{\rho} + \frac{v_2^2}{2} + gz_2 \tag{2.26}$$

水面上とノズル出口では,大気より受ける圧力は同じであり,流れに圧力損失がない理想的な状態では,

$$p_1 = p_2 \tag{2.27}$$

また,水面の面積が十分に大きいために,高さの変化がないと見なすと $v =$

0なので，上のベルヌイの式は，

$$\frac{p_e}{\rho} + \frac{0^2}{2} + gH = \frac{p_e}{\rho} + \frac{v_2^2}{2} + g0 \qquad (2.28)$$

となり，整理すると，

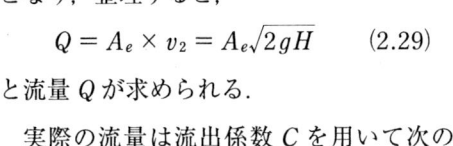

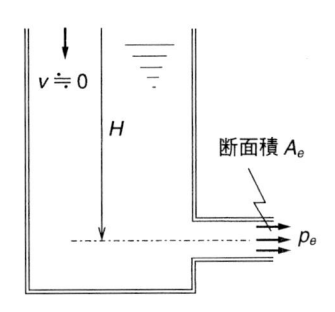

$$Q = A_e \times v_2 = A_e\sqrt{2gH} \qquad (2.29)$$

と流量 Q が求められる．

実際の流量は流出係数 C を用いて次のように表す．

$$Q = CA_e\sqrt{2gH} \qquad (2.30)$$

図 2.6 ヘッドタンクからの流れ

2.3.2 ベンチュリー管の流れ

図 2.7 のベンチュリー管において，密度 ρ の流体が流れているときに，密度 ρ' のマノメータの読み（ヘッド差）が h であったとき，流体の流量 Q ($= v_x A$) はベルヌイの式を用いると，

$$\frac{p_A}{\rho} + \frac{1}{2}\left(\frac{Q}{A_A}\right)^2 = \frac{p_B}{\rho} + \frac{1}{2}\left(\frac{Q}{A_B}\right)^2 \qquad (2.31)$$

また，マノメータの読みと差圧の関係は

$$p_A - p_B = (\rho' - \rho)gh \qquad (2.32)$$

(2.31), (2.32) 式に断面積，密度，マノメータの読みを代入すると流量 Q は容易に得られる．

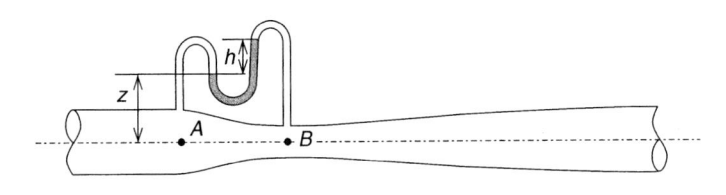

図 2.7 ベンチュリー管の流れ

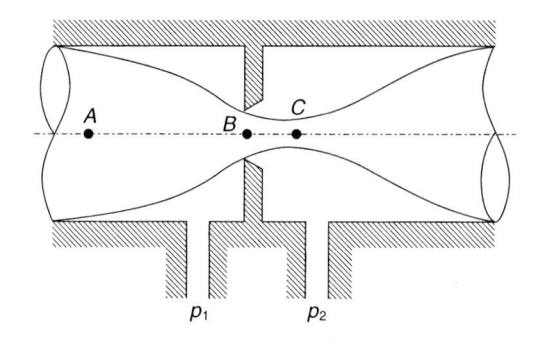

図2.8 オリフィスの流れ

$$Q = A_\mathrm{B}\sqrt{\frac{2(p_\mathrm{A} - p_\mathrm{B})/\rho}{1-(A_\mathrm{B}/A_\mathrm{A})}} \\ = A_\mathrm{B}\sqrt{\frac{(\rho' - \rho)gh/\rho}{1-(A_\mathrm{B}-A_\mathrm{A})^2}} \Biggr\} \quad (2.33)$$

2.3.3 オリフィスの流れ

図2.8のようなオリフィスを通る流量は,オリフィス前と縮流部の間に仮想的なベンチュリー管を考えれば次式のようになる.

$$Q = A_\mathrm{C}\sqrt{\frac{2(p_1 - p_2)/\rho}{1-(A_\mathrm{C}/A_\mathrm{A})^2}} \quad (2.34)$$

ここでA_A, A_B, A_Cはそれぞれ断面A, B, Cの断面積である.A_Cは流体の流れが最も狭くなる仮想的な断面における面積であるため,(2.33)式を次式のように表現する.

$$Q = C_m A_\mathrm{B}\sqrt{\frac{2(p_1-p_2)}{\rho}} \quad (2.35)$$

C_mは流量係数と呼ばれ,実験によって決められる.

2.4 管内の流動

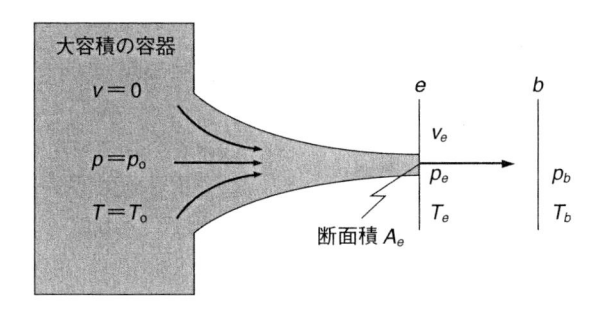

図2.9 先細ノズル内の流れ

2.3.4 ノズルからの流れ

図2.9のように大きな容器に蓄えられた温度 T_0，圧力 p_0 の気体が先細ノズルを通って圧力（背圧）p_b の空間へ噴出している場合を考える．

背圧 p_b を下げていき，臨界圧力比と呼ばれる圧力比 $p_0/p_b = p_0/p_c$（p_c は臨界圧力）になると，流量が増加しなくなる．この臨界圧力比は比熱比のみで決まる（空気の場合は2）．臨界圧力比に達する前までは，断面積 A_e のノズル出口での流量を $Q_e (= v_e x A_e)$ とし，容器内での流速がゼロであることに注意をすると，ベルヌイの式から，理論的に次式を得る．

$$\frac{p_0}{\rho} + \frac{1}{2}\left(\frac{0^2}{A_0}\right)^2 = \frac{p_e}{\rho} + \frac{1}{2}\left(\frac{Q_e}{A_e}\right)^2 \tag{2.36}$$

$$Q_e = A_e\sqrt{\frac{2(p_0 - p_e)}{\rho}} \tag{2.37}$$

2.4 管内の流動

粘性流体が流れるとき，前述のように流体が有する粘性により流体と流体に接する物体との間にせん断応力が生じる．これが流動抵抗となり，結果として，流体の圧力損失を生じる主要因となる．これ以降では，実際に最もよ

く用いられる円管内の流れを中心に取り扱う．

2.4.1 層流と乱流

層流，乱流等の流れの特性を評価するために用いられる無次元数に**レイノルズ数** Re (Reynolds number) がある．

$$Re = \frac{D\rho v}{\mu} \tag{2.38}$$

ここで D は円管の直径を表す．レイノルズ数は (流れの慣性力) と (流れの粘性力) の比とも見なすことができ，層流の場合は粘性力が勝り，乱流の場合には粘性の影響は相対的に弱いことを示している．

十分に発達した円管内流では，$Re = 2300$ を境として乱れの小さい**層流** (laminar flow) と，大きな乱れを伴う流れである**乱流** (turbulent flow) の間を遷移する．この値を**臨界レイノルズ数** (critical Reynolds number) と呼び，円管入口の形状や管壁粗さなどの程度で 2000 から 4000 の間で変化する．一般に，$Re < 2000$ の場合の流れが層流に，$Re > 4000$ の場合の流れが乱流となる．

[例題 2.2] 外管内径 50 mm，内管外径 25 mm の二重円管の環状部に 30 ℃ の水が $0.4 \, \mathrm{m \, s^{-1}}$ の流速で流れている．流れの状態 (層流あるいは乱流) を判定せよ．

[解] 水 (30 ℃) の諸物性値 $\rho = 995.7 \, \mathrm{kg \, m^{-3}}$，$\mu = 8.01 \times 10^{-4} \, \mathrm{Pa \, s}$．環状部断面の相当直径 $D_e \, (= 断面積/濡れ辺長)$ は，$D_e = D_{\mathrm{out}} - D_{\mathrm{in}}$ で求められるので，$D_e = 25$ mm．以上の結果をもとに Re を求めると

$$Re = \frac{D_e \rho v}{\mu} = \frac{(0.025)(995.7)(0.4)}{8.01 \times 10^{-4}} = 1.24 \times 10^5 > 4000$$

よって乱流．■

2.4.2 円管内層流

十分に発達した速度分布は円管中心の速度 v_c を最大とする放物線型となる.管断面平均速度を v とすると,v_c および管の長さ L の間の摩擦による圧力損失エネルギー $\Delta p/\rho$ [J kg^{-1}] との間に次の関係式が成立する.

$$v = \frac{v_c}{2} \tag{2.39}$$

$$\frac{\Delta p}{\rho} = \frac{64}{Re}\frac{L}{D}\frac{v^2}{2} \tag{2.40}$$

なお,Δp は**圧力損失** (pressure loss) と呼ばれる.

2.4.3 円管内乱流

十分に発達した円管内乱流の速度分布は**プラントル－カルマンの 1/7 乗則** (1/7 power-law of Prandtl-von Kármán) に従い,次の式で示される.

$$\frac{v}{v_c} = \left(1-\frac{r}{r_w}\right)^{1/7} \tag{2.41}$$

ただし,v は流速,v_c は円管中心の速度,r は中心からの距離,r_w は円管半径である.これを積分し,断面平均速度 v_m を求めると,次式のように層流の場合より半径方向への速度分布は滑らかとなる.

$$v_m = 0.82\,v_c \tag{2.42}$$

2.4.4 直管の圧力損失

管路に生じる圧力損失は,直管における管壁との摩擦圧力損失と,断面積の変化や流れ方向の変化時の渦や二次流れの発生に伴うエネルギー損失によって生じる.

直管内での摩擦圧力損失エネルギー $\Delta p/\rho$ は,一般に次の形で表せる.

$$\frac{\Delta p}{\rho} = f\frac{L}{D}\frac{v^2}{2} \tag{2.43}$$

ここで f は**管摩擦係数** (friction factor), L は管長, D は管内径 (管径), v は管断面平均流速を表す. また, ニュートンの粘性法則から導かれる**ファニングの摩擦係数** (Fanning's friction factor) f' とは, $f = 4f'$ の関係がある.

実用上においては, 管路の圧力損失量を見積もることが流路を設計するうえで最も重要なことであるので, 流量 Q を用いて式を次のように変形し取り扱う.

$$\Delta p = f \frac{L}{D} \frac{\rho v^2}{2} = \frac{8f}{\pi} \frac{\rho L Q^2}{D^5} \tag{2.44}$$

(2.44) 式より, 圧力損失 Δp は v が一定のときには管長に比例し, 直径に反比例する. また, Q が一定のときには管長に比例し, 管径の 5 乗に反比例して圧力損失が大きくなることがわかる.

管摩擦係数 f は, 層流の場合, 損失エネルギーが理論的に計算でき, 管壁の粗さに依存せず次式の通りレイノルズ数に依存する.

$$f = \frac{64}{Re} \tag{2.45}$$

一方, 乱流においては, 管摩擦係数 f は管壁の粗さに大きく影響される. 実際に使用される管の摩擦係数を見積もる多くの実験式が提案されているが, これらを総括したものとして広く用いられているものが, **図 2.10** の**ムーディ線図** (Moody chart) である.

なお, 線図中の ε/D は等価相対粗さ (粗度), ε は等価粗さと呼ばれ, さまざまな管の材料に対するそれらの値は**図 2.11** にまとめられている.

図から, 乱流状態では, あるレイノルズ数以上になると管摩擦係数は等価相対粗さのみに依存することがわかる.

2.4.5 他形状の圧力損失

各種管路における圧力損失エネルギー E_{loss} は上述の直管も含めて次のようにまとめられる.

2.4 管内の流動

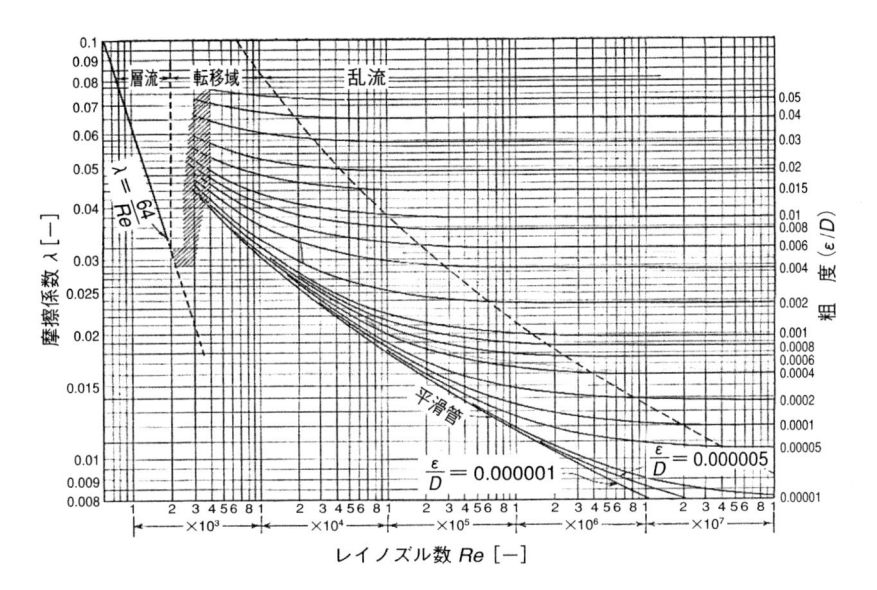

図 2.10 ムーディ線図
(化学工学会編:『化学工学』第 3 版, 槇書店 (2006) より)

直管 $\quad E_{\text{loss}} = f \dfrac{L}{D} \dfrac{v^2}{2}$ (2.46)

管路の入口 $\quad E_{\text{loss}} = K \dfrac{v^2}{2}$ (2.47)

急拡大管 $\quad E_{\text{loss}} = K \dfrac{v_1^2}{2} = \left(1 - \dfrac{A_1}{A_2}\right) \dfrac{v_1^2}{2}$ (2.48)

急縮小管 $\quad E_{\text{loss}} = K \dfrac{v_2^2}{2}$ (2.49)

弁や継手 $\quad E_{\text{loss}} = f \dfrac{L}{D} \dfrac{v^2}{2}$ (2.50)

ここで K は損失係数であり,それぞれの形状ごとに与えられる値である. A_1, A_2 は急拡大する前後の管断面積であり, v_1 は A_1 での平均流速を表す.

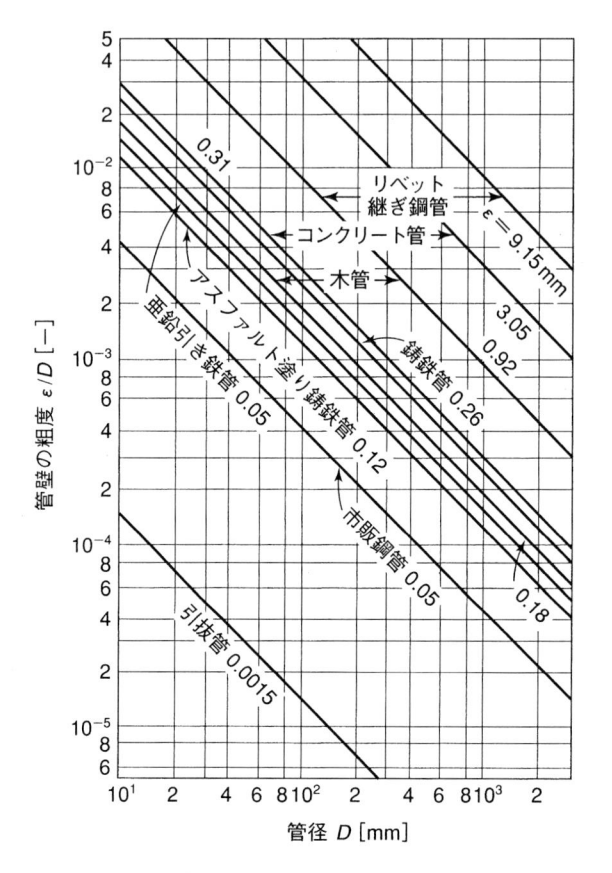

図 2.11 管内壁の等価相対粗さ (ε/D) (新しい管)
(化学工学会編：『化学工学便覧』改訂 6 版，丸善 (1999) より改変)

L_e は相当長さと呼ばれ，バルブ，継手の種類により定まる値である．

エネルギー保存則によると，損失エネルギーと静圧の変化との関係式は次のように表される．

$$E_{\text{loss}} = \frac{p_1 - p_2}{\rho} + \frac{1}{2}(v_1{}^2 - v_2{}^2) \tag{2.51}$$

2.4 管内の流動

したがって

$$\Delta p = p_1 - p_2 = \rho E_{\text{loss}} - \frac{1}{2}\rho(v_1{}^2 - v_2{}^2) \tag{2.52}$$

断面積が変化しないとき（直管，弁や継手の場合）には $v_1 = v_2$ なので，次のようになる．

$$\Delta p = \rho E_{\text{loss}} \tag{2.53}$$

なお，流路形状が円形でない場合は，次式で求められる相当直径 D_e を用いることが多い．

$$D_e = 4\left(\frac{A}{L_p}\right) \tag{2.54}$$

ここで，A は流路の断面積，L_p は流路断面における周の長さである．

2.4.6 流体輸送動力

流体の単位質量当たりについて，ポンプ吸い込み側を 1，吐出側を 2 とすると，1 と 2 の間のエネルギー差 ΔE は，

$$\begin{aligned}\Delta E &= E_2 - E_1 \\ &= \left(\frac{p_2}{\rho} + \frac{v_2{}^2}{2} + gz_2\right) - \left(\frac{p_1}{\rho} + \frac{v_1{}^2}{2} + gz_1\right)\end{aligned} \tag{2.55}$$

となるが，$g(Z_2 - Z_1)$ は無視できるほど小さいので，

$$\begin{aligned}\Delta E &= \frac{1}{\rho}\left\{\left(p_2 + \frac{\rho v_2{}^2}{2}\right) - \left(p_1 + \frac{\rho v_1{}^2}{2}\right)\right\} \\ &= \frac{1}{\rho}(p_{t2} - p_{t1})\end{aligned} \tag{2.56}$$

ここで，$(p_{t2} - p_{t1})$ は全圧差である．ΔE に流体の質量流量 ρQ を乗じると流体に与えられた動力となる．したがって，

$$\Delta E \rho Q = \frac{1}{\rho}(p_{t2} - p_{t1})\rho Q$$
$$= (p_{t2} - p_{t1})Q \qquad (2.57)$$

したがって,ポンプ動力を P,ポンプ効率を η とすると次式が成り立つ.

$$P = (p_{t2} - p_{t1})\frac{Q}{\eta}$$

[例題 2.3] 密度 $800\,\mathrm{kg\,m^{-3}}$ の液体が内径 $100\,\mathrm{mm}$ の $90°$ ベンド(曲がり管)を流れる場合の圧力損失を求めたい.液体の体積流量が $0.0314\,\mathrm{m^2\,s^{-1}}$ であるとき,ベンド内の流れの動圧をヘッド(水柱高さ)で表せ.さらにベンドの損失係数が 0.5 である場合,このベンドでの圧力損失を求めよ.

[解] 断面平均流速 v は

$$v = Q/\left(\frac{\pi}{4}D^2\right) = 0.0314/\left(\frac{\pi}{4}0.1^2\right) = 4\,\mathrm{m\,s^{-1}}$$

動圧は $\frac{1}{2}\rho v^2 = \frac{1}{2} \times 800 \times 4^2 = 6400\,\mathrm{Pa}$.水柱高さを ΔZ,水の密度を ρ_W とすると $\rho_w g \Delta z = \frac{1}{2}\rho v_2 = 6400$ であるので,$\Delta z = 6400/(1000 \times 9.81) = 0.652\,\mathrm{m}$
圧力損失 Δp は圧力損失係数を K とすると $\Delta p = K\dfrac{\rho v^2}{2}$ であるので,
$\Delta p = 0.5 \times 6400 = 3200\,\mathrm{Pa}$ ∎

[例題 2.4] 内径 $800\,\mathrm{mm}$ の円管路を水が $60.3\,\mathrm{m^3\,min^{-1}}$ で流れている.圧力損失係数が 0.6 である曲がり部の圧力損失を求めよ.さらに,この流れが曲がり部で毎秒失う圧力損失エネルギーを求めよ.

[解] $v = Q/\left(\dfrac{\pi}{4}D^2\right) = 2.00\,\mathrm{m\,s^{-1}}$,$\Delta p = K\dfrac{\rho v^2}{2} = 1200\,\mathrm{Pa} = 1.20\,\mathrm{kPa}$
曲がり部前後での単位質量当たりの損失エネルギー E_loss は $\Delta p/\rho$ であるので,単位時間当たりのエネルギー損失 $\dot{E}_\mathrm{loss}$ は $\dot{E}_\mathrm{loss} = E_\mathrm{loss} \times (\rho Q) = \Delta p \times Q$ で求められる.
$$\dot{E}_\mathrm{loss} = \Delta p \times Q = 1200 \times (60.3/60) = 1210\,\mathrm{J\,s^{-1}} = 1.21\,\mathrm{kW}$$ ∎

2.4.7 圧縮性流体の流れ

圧縮性流体である気体は,流れ場において圧力や温度が大きく変化する圧

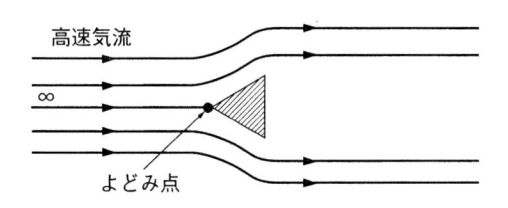

図 2.12 圧縮性流体の高速流れと温度

縮性流体特有の現象が生じる.

図 2.12 に示すように,圧縮性流体である気体が高速に流れている中に,V字型の障害物がある場を考える.V字障害物の先端では流体が衝突して速度がゼロとなる点が生じる.これを**よどみ点**(stagnation point)と呼ぶ.よどみ点では流体が停止するので運動エネルギーが熱エネルギーに変換されるため,この点における温度は流体の温度よりも高くなる.この温度を全温度($= T_0$)と呼び,理想気体の場合,定圧比熱 c_p を用いて次の式で求められる.

$$c_p T + \frac{v^2}{2} = c_p T_0 \tag{2.58}$$

また,全温度に対して流体の温度 T を静温度という.

しかし,よどみ点近傍では周囲流体の流れによって冷却されることから,T_0 は上で求められた全温度よりも低い値 T_r を示す.この温度を回復温度と呼び,次の式で求めることができる.

$$T_r = T + r\frac{v^2}{2c_p} \; [\mathrm{K}] \tag{2.59}$$

ここで r は回復係数と呼ばれ,層流境界層を形成する場合(ほとんどの場合はこの場合に相当する)には,**プラントル数**(Prandtl number)$Pr = \nu/\alpha$ を用いて

$$r = \sqrt{Pr} \tag{2.60}$$

で与えられる.ここで ν は動粘性係数(kinetic viscosity, μ/ρ),α は温度拡散率(thermal diffusivity, λ/ρ)を表す.

飛行機の速度計測

飛行機の飛行速度には，対地速度（groundspeed）と対気速度（airspeed）があるが，それらの測定方法はご存知だろうか？ 対地速度は地球との相対速度のことで，自動車の走行速度と同じ意味である．現在の航空機では INS（inertial navigation systems，ジャイロを使った慣性航法）や GPS（global posithioning systems）などを用いてかなり正確に計測できる．

一方，対気速度とは文字通り大気との相対速度のことで，失速速度などは対気速度で決まるため飛行機にとっては対地速度より重要な速度である．では，対気速度はどのような方法で計測されているのであろうか．

写真は最新ジェット旅客機（図 1）と戦闘機（図 2）に装備されている対気速度センサを示している．そのセンサとは，実は「ピトー管」である．

図 1　Boeing 787 に装着されているピトー管（2 本のピトー管の間にあるのは，主翼の風に対する角度を計測する迎え角計）（©Boeing Company）

図2 F2戦闘機の先端に装備されているピトー管 (©航空自衛隊 (JASDF))

アンリ・ピトー (Henri Pitot) により発明されたピトー管の原理は本文に説明したとおりで，飛行機の正面から受ける空気の圧力 (動圧) と，横を通り過ぎる空気の圧力 (静圧) を測定し，この二つの圧力の差と温度，気圧をもとにして，ADC (air data computer) という装置で最終的に対気速度を割り出している．最近ではダウンフォースの制御が重要なF1レーシングカーの速度計測にも使用されている (図3).

図3 レーシングマシンに装備されるピトー管 (ドライバー前の矢印) (© 2007 SUPER AGURI F1 TEAM)

ちなみに飛行機の高度の計測には，大気圧による気圧高度計，GPSやドップラーレーダーが使われている．

演習問題

[1] ベルヌイの式を誘導せよ．

[2] 断面積 $20\,\mathrm{m}^2$ で高さ $3\,\mathrm{m}$ まで水が貯留されているタンクがある．その底に断面積 $0.25\,\mathrm{m}^2$ の小さな流出口を開けたとき，この水が全部流出するのに必要な時間を求めよ．

[3] 配管の内径が $500\,\mathrm{mm}$ のベンド（曲がり管部）を平均流速 $4\,\mathrm{m\,s}^{-1}$ で水が流れている．ベンド部の圧力損失係数は 0.55 であるとき，ベンド部での圧力損失はいくらか．また失われる流体のエネルギーはいくらか．

[4] $25\,°\mathrm{C}$ で貯留されている水を $20\,\mathrm{m}$ 上方の水槽に $0.01\,\mathrm{m}^3\,\mathrm{s}^{-1}$ の速さでポンプで汲み上げている．配管の内径は $50\,\mathrm{mm}$，全長は継手類の相当長さも含めて $50\,\mathrm{m}$ であり，両水槽ともに大気圧下で操作されている．ポンプの効率が $70\,\%$ として，ポンプの動力を求めよ．ただし，管摩擦係数は 0.02 とする．

参考書

1) 高村淑彦・山崎正和：『エネルギー管理士試験講座 熱分野Ⅱ－熱と流体の流れの基礎』省エネルギーセンター (2006)．
2) 岩本順二郎：『流体力学－基礎と演習』東京電機大学出版局 (1983)．
3) 城塚 正・平田 彰・村上昭彦：『化学技術者のための移動速度論』オーム社 (1966)．
4) 石井 勉：『基礎移動現象論』朝倉書店 (1981)．
5) 蔦原道久・杉山司郎・山本正明・木田輝彦：『流体の力学』機械工学入門シリーズ第3巻，朝倉書店 (2001)．

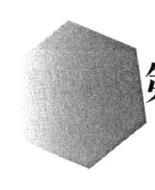

第3章 伝　　熱

　身の回りにあるエネルギーの形態のうち，熱エネルギーは最も身近に存在し化学反応場にも深く関与している．熱エネルギーの移動現象は伝熱あるいは熱移動と呼ばれ，伝導伝熱 (熱伝導)，対流伝熱，放射伝熱 (ふく射伝熱) の三つの機構が共存して生じている．本章では，それぞれの伝熱機構を学ぶとともに，共存した系の取り扱い方や実際の伝熱場についての基礎知識を学ぶ．

使用記号

A：面積 [m^2]
b：温度膨張率 [−]
C：熱容量流量 [J K^{-1} s^{-1}]
c：熱容量 [J kg^{-1} K^{-1}]
C_1：プランクの第1定数 [−]
C_2：プランクの第2定数 [−]
D：管の直径 [m]
E：放射エネルギー流束，射出能 [W m^{-2}]
F：形態係数 [−]
g：重力加速度 [m s^{-2}]
Gr：グラスホフ数 [−]
h：熱伝達率 [−]
I：放射エネルギー流束 [W m^{-2}]
K：熱通過率，熱貫流率 [W m^2 K^{-1}]
L：管の長さ [m]
m：質量流量 [kg s^{-1}]
Nu：ヌッセルト数 [−]
Pr：プラントル数 [−]
Q：通過熱量，伝熱量 [W]
q：熱流束 [W m^2]
R：伝熱抵抗，熱通過抵抗 [K W^{-1}]
Re：レイノルズ数 [−]
T：温度 [K]
T'：混合平均温度 [K]
u：流速 [m s^{-1}]
x, l：長さ [m]
α：吸収率 [−]
δ：温度係数 [−]
ε：放射率 [−]
ε：エネルギー効率 [−]
η：温度効率 [−]
Λ：熱容量比 [−]
λ：熱伝導率，熱伝導度 [W m^{-1} K^{-1}]
λ：波長 [m]
ν：動粘性係数 [m^2 s^{-1}]
ρ：反射率 [−]
σ：ステファン−ボルツマン定数
τ：透過率 [−]

3.1 伝導伝熱 (熱伝導)

伝導伝熱 (熱伝導) (conductive heat transfer, heat conduction) は，熱が物体を構成する分子 (原子) の運動エネルギーとして順次隣の分子 (原子) へと移動する過程をいい，固体，液体，気体を問わず，いずれにおいても観察される現象である．しかし，気体や液体のような流体においては，後述の対流伝熱も同時に起こる．

3.2 フーリエの法則

3.2.1 フーリエの式

物体内のある位置で熱の流れに直角な面を考え，その単位面積を単位時間に通過する熱量 (**熱流束**) (heat flux) を q とすると，q はその位置における温度勾配に比例する．すなわち温度を T，熱の流れる方向を x とすると，

$$q \propto \frac{dT}{dx} \tag{3.1}$$

となる．ここで，上式の比例定数を λ とすれば，

$$q = -\lambda \frac{dT}{dx} \tag{3.2}$$

と表され，これは**フーリエの法則** (Fourier's law of heat conduction) となる．この比例定数 λ は**熱伝導率** (あるいは**熱伝導度**) (thermal conductivity) と呼ばれ，物質固有の値 (物性値) である．(3.2) 式は熱の流れる方向も考慮しており，右辺の負号は温度が降下する方向に熱が流れることを表現している．

(3.2) 式は定常，非定常を問わず熱伝導についての基本的な関係式であり，フーリエの式と呼ばれるものである．

3.2.2 熱伝導率

熱伝導率は (3.2) 式のように，熱流束と温度勾配の間の比例関係を決定する定数であり，温度勾配を一定とすると熱伝導率の値が大きいほど熱流束は大きくなり，熱が伝わりやすいということになる．上述のように熱伝導率は各物質に固有の値であり，一般には固体，液体，気体の順にその値が小さくなる．また，熱伝導は電子の移動する機構と密接な関係があり，固体の中でも金属のような電気良導体のほうがゴムなどの絶縁体よりも熱伝導率が大きい．**表 3.1** にいくつかの代表的な物質の熱伝導率を示す．

熱伝導率は一般に温度によって変化し，物質によってその変化の仕方が異なるが，次式のような一次関数で近似されることが多い．

$$\lambda = \lambda_0 (1 - \delta T) \tag{3.3}$$

ここで，λ_0 はある基準温度におけるその物質の熱伝導率，T は温度，δ は

表 3.1　各種物質の熱伝導率

物質		熱伝導率 [W m^{-1} K^{-1}]	温度 [K]
固体 (金属)	鉄 (純)	72.7	293
	アルミニウム	273	300
	銅	398	300
		371	800
固体 (非金属)	石英ガラス	1.38	300
	石灰岩コンクリート	2.17	800
	ネオプレンゴム	1.2	293
液体	水 (軽水)	0.25	293
		0.576	280
		0.671	360
気体	空気 (1 気圧)	0.124	300
		0.0246	280
		0.0672	1000
	水蒸気 (1 気圧)	0.02684	400

温度係数である．温度係数 $δ$ はそれほど大きな値ではないので，物体内の温度差が大きくない場合には熱伝導率の値は一定値として取り扱われることが多い．

3.2.3 無限平板の熱伝導

1）単一平板の熱伝導

図 3.1 に示すような，厚さ l に対して十分に広く均質な平板で，表面の温度がそれぞれ T_1, T_2 で一様である場合を考えてみよう．このような場合，温度変化は厚さ方向にだけ存在するから，厚さ方向（x 方向）だけの熱伝導を問題にすればよい．

(3.2) 式において，平板の内部で熱の発生や吸収がなければ，熱流束 q は x のどの位置においても一定であり，熱伝導率 $λ$ が x, T によらずに一定であるとすれば，(3.2) 式は簡単に積分できる．さらに $x = 0$ で $T = T_1$, $x = l$ で $T = T_2$ であるので，熱流束 q は，

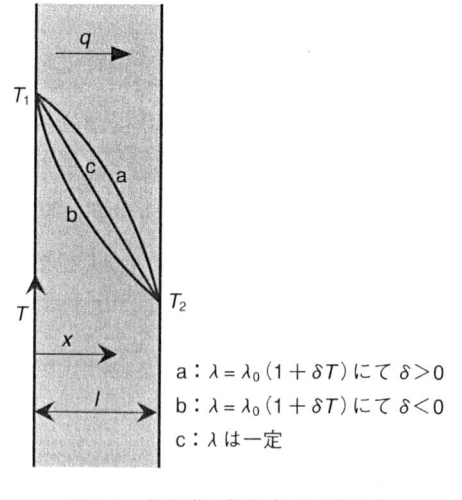

a：$λ = λ_0(1 + δT)$ にて $δ > 0$
b：$λ = λ_0(1 + δT)$ にて $δ < 0$
c：$λ$ は一定

図 3.1　熱伝導と物体内の温度分布

$$q = \lambda \frac{(T_1 - T_2)}{l} \tag{3.4}$$

となり，熱の流れる方向に直角な断面積 A の面を通過する熱量 $Q\,[\mathrm{W}]$ は，

$$Q = \lambda \frac{(T_1 - T_2)}{l} A = \frac{(T_1 - T_2)}{l/\lambda A} \tag{3.5}$$

と表される．ここで，通過熱量 Q は伝熱系内で常に保存される（エネルギー保存則）ことに留意されたい．また，(3.5) 式の右辺の分母は，熱伝導の駆動力である両表面の温度差の下で熱が移動する困難さを表すものであり，熱伝導抵抗と呼ばれる．

$$（熱伝導による通過熱量）= \frac{（温度差）}{（熱伝導抵抗）}$$

熱伝導抵抗の意味は，温度差を電圧に，通過熱量を電流に，熱伝導抵抗を電気抵抗にそれぞれ置き換えて，電気伝導と相似させてみるとよく理解されるであろう．

平板の厚さ方向の温度分布について考えてみよう．厚さ方向の距離 x における温度 T は，(3.4) 式および $x = 0$ で $T = T_1$，$x = l$ で $T = T_2$ であることから，

$$T = T_1 - (T_1 - T_2)\frac{x}{l} \tag{3.6}$$

が得られ，平板内の温度分布は図 3.1 の c で示されるように，x 方向に向かって T_1 から T_2 まで直線的に減少する分布となることがわかる．

2）積層平板の熱伝導

前項では，単一平板の熱伝導における熱流束や温度分布を導いたが，次に熱伝導率が異なる何枚かの平板を密着させた積層板の熱伝導を考えてみる．燃焼炉などの高温反応器には耐火材や断熱材などが重ねて内張りされていることが多く，実際の各種熱設備において積層平板の熱伝導が問題になる実例は多い．

いま，図 3.2 のような積層平板を考え，各平板の厚さ l，熱伝導率 λ にそれぞれ添字 1, 2, 3 をつけて表す．各平板の表面温度は一様であり，各平板は密着しているので二つの平板の接触面の温度は等しく，厚さ方向以外の熱の流れはないものとする．

I, II および III の平板を通過する熱流束 q は (3.4) 式より，

$$q = \lambda_1 \frac{T_1 - T_2}{l_1} = \lambda_2 \frac{T_2 - T_3}{l_2} = \lambda_3 \frac{T_3 - T_4}{l_3} \tag{3.7}$$

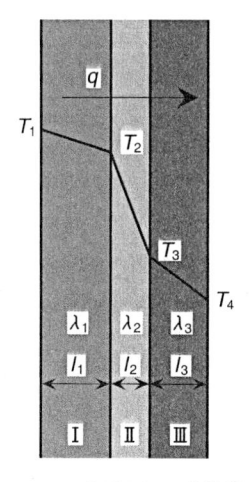

図 3.2 積層平板の熱伝導

この式を整理すると，

$$(T_1 - T_4) = \left(\frac{l_1}{\lambda_1} + \frac{l_2}{\lambda_2} + \frac{l_3}{\lambda_3}\right) q$$

となり，結局，

$$q = \frac{(T_1 - T_4)}{\left(\dfrac{l_1}{\lambda_1} + \dfrac{l_2}{\lambda_2} + \dfrac{l_3}{\lambda_3}\right)} \tag{3.8}$$

となる．また，伝熱面積を A とし，通過熱量を Q とすると，

$$Q = \frac{(T_1 - T_4)}{\left(\dfrac{l_1}{\lambda_1} + \dfrac{l_2}{\lambda_2} + \dfrac{l_3}{\lambda_3}\right)} A = \frac{(T_1 - T_4)}{\left(\dfrac{l_1}{\lambda_1 A} + \dfrac{l_2}{\lambda_2 A} + \dfrac{l_3}{\lambda_3 A}\right)} \tag{3.9}$$

と表される．右辺の分母は，各平板の熱伝導抵抗の和で表現される．

[**例題 3.1**] 窓に二重ガラスが張ってある．ガラスの厚み 1 mm，間隔 10

mm のガラス間には常圧の静止空気が入っている．外気温が 35 ℃，室内温度が 25 ℃，窓の面積は 1.5 m² のとき，同じ厚みの一枚ガラス窓と比較して，通過熱量はどのくらい低減できるか．ただし，空気の熱伝導度を 0.026 W m^{-1} K^{-1}，ガラスの熱伝導度を 0.75 W m^{-1} K^{-1} とする．

［解］　二重ガラス窓を通過する通過熱量 Q_w は

$$Q_w = \frac{(35-25)}{\left(\dfrac{0.001}{0.75} + \dfrac{0.01}{0.026} + \dfrac{0.001}{0.75}\right)}(1.5) = \frac{10}{0.387}(1.5) = 39 \text{ W}$$

一枚ガラス窓を通過する通過熱量 Q_s は

$$Q_s = \frac{(35-25)}{\left(\dfrac{0.001}{0.75}\right)}(1.5) = 1.1 \times 10^3 \text{ W}$$

Q_w と Q_s との比較から，二重ガラスにすると通過熱量を約 1/290 に低減できることがわかる．■

3.3 対流伝熱

3.3.1 境界層と対流伝熱

流体が流れている場において，その流体が接している物体と流体との間に温度差がある場合，温度差を駆動力として熱が伝わる．これを**対流伝熱**（**熱伝達**）（convective heat transfer, heat convection）と呼ぶ．対流伝熱においては，物体表面の流れの状態およびその中の温度分布によって熱の移動過程が支配される．流体が固定壁面に沿って流れるとき，壁面近傍では粘性の作用によって流速の分布が急に変化する領域がみられる．この領域を**速度境界層**（velocity boundary layer）と呼ぶ．境界層の外側の流れは一様な速度分布の流れと考えて差し支えなく，これを**主流**（bulk flow）と呼ぶことが多い．また，流れが層流か乱流かによって形成される境界層が異なり，それぞれ層

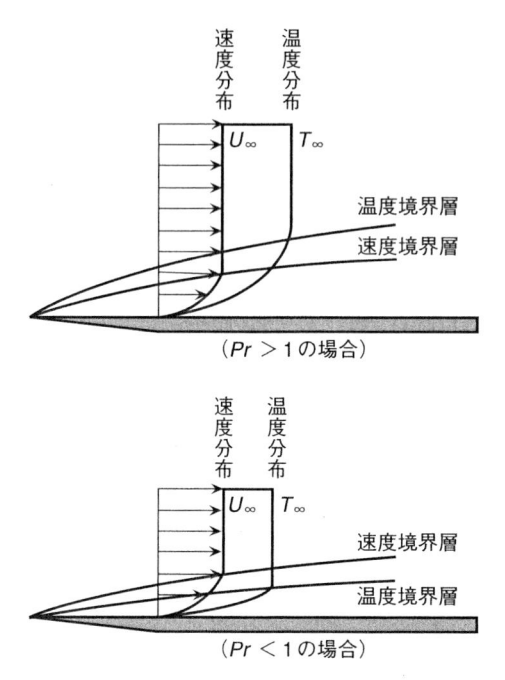

図3.3 温度境界層と速度境界層

（上図：$Pr > 1$ の場合、下図：$Pr < 1$ の場合。速度分布、温度分布、U_∞、T_∞、温度境界層、速度境界層）

流境界層および乱流境界層と呼ばれる．

流体と物体との間に温度差がある場合，物体表面近傍に速度分布と同様な温度分布が形成される．これを**温度境界層** (thermal boundary layer) という．しかし，温度分布と速度分布は必ずしも一致せず，**図3.3**に示されるように流体の**プラントル数** (Prandtl number) Pr によって異なる．Pr とは，**動粘性係数（動粘性率）** (kinetic viscosity) ν と温度変化の伝わりやすさを表す**温度伝導率（熱拡散率）** (thermal diffusivity) α との比 ($Pr = \nu/\alpha$) であり，流体固有の物性値である．速度境界層と同様に，流れの状態によって温度境界層厚さも変化する．

流体から接触している物体への伝熱は結局のところ熱伝導によるものであり，それは温度境界層に存在する温度勾配によってのみ決定される．このた

3.3 対流伝熱

表3.2 熱伝達率の概略値

流れの種類		概略の熱伝達率 [W m^{-2} K^{-1}]	
自然対流	:静止した空気	1〜 20	
強制対流	:流れている空気	10〜 250	
	流れている水	250〜 5000	
凝 縮	:凝縮(膜状)中の水	5000〜15000	(膜状凝縮 ≪ 滴状凝縮)
沸 騰	:沸騰中の水	1500〜45000	膜沸騰 < 核沸騰 バーンアウト点付近では 最大約 60000

め熱伝達による移動熱量は,境界層の厚さなどの構造に大きく依存する.流体－物体間の熱移動において,表面近傍の温度分布は非常に複雑な現象の結果形成されるものであり,熱伝導の場合のように簡単に決定することは困難である.そこで,実用上便利なように,対流伝熱による熱流束を次式によって表す.

$$q = h(T_\infty - T_w) \tag{3.10}$$

この比例定数 h は**熱伝達率(熱伝達係数,対流伝熱係数)**(heat transfer coefficient)と呼ばれる.T_w および T_∞ はそれぞれ壁面温度および主流(温度が均一と見なせる流体部分)の温度である.熱伝達率は流体の流速や温度,物体の形状などにより大きく変化する.**表3.2** に各流れの種類に対する熱伝達率の概略値を示す.

熱伝達により熱が通過する面積を A とすると,通過熱量 Q [W] は,

$$Q = h_m A(T_\infty - T_w) = \frac{T_\infty - T_w}{1/(h_m A)} \tag{3.11}$$

となる.ここで,h_m は平均熱伝達率である.上式より,先述の熱伝導の場合と同様に熱伝達抵抗として $1/(h_m A)$ が与えられる.

3.3.2 管内流れにおける流体温度

管内流れのように流体が壁面で囲まれているような場合,流体の温度は壁

面との熱の授受や温度境界層の形成により一意に決定できない．このため，伝熱量を算出する際には基準となる流体側の温度として混合平均温度，膜温度や主流温度などを用いる．

混合平均温度 T' は，着目する流体断面での温度分布を積分平均した温度であり，流体の流れ方向の各位置においてそれぞれ次の式によって与えられる．

$$T' = \frac{\int T u dA}{\int u dA} \quad (3.12)$$

ここで，T および u は断面積内の局所微小面積 dA を通過する流体の温度および流速である．膜温度は，混合平均温度と壁温度の相加平均温度で与えられる．

3.3.3 熱伝達関係式

熱伝達率は，熱伝導率のような物性値ではなく，物体の形状や流体の流れの状態に依存して複雑に変化する．一般に熱伝達率を求める際，現象に関連する無次元数の関係式を用いることが多い．具体的には，強制対流熱伝達においては，ヌッセルト数 ($Nu = hx/\lambda$) (Nusseldt number)，レイノルズ数 ($Re = \rho u x/\mu$) およびプラントル数 (Pr) の関数，自然対流熱伝達においてはヌッセルト数，プラントル数および**グラスホフ数** ($Gr = x^3 g\beta (T_w - T_\infty)/\nu^2$) (Grashof number) の関数となり，各関係式に各物理量を代入し熱伝達率 h を求める．**表 3.3** に代表的な熱伝達関係式を示す．ここで，h は熱伝達率，x は代表長さ，λ は流体の熱伝導率，u は流速，μ は粘性率，g は重力加速度，β は温度膨張率（$=1/T$）を表す．これらの関係式を実際に使用する場合には，その適用条件に十分注意されたい．

[**例題 3.2**] 次の文章中のカッコ内に適切な字句，数値，数式または記号を入れよ．

3.3 対流伝熱

表 3.3 代表的な流れ様式と熱伝達関係式

流れの様式			熱伝達関係式		備考
強制対流熱伝達	円管内の流れ	層流	$Nu_m = 3.65 + \dfrac{0.190((D/L)Re_d Pr)^{4/5}}{1 + 0.117((D/L)Re_d Pr)^{7/15}}$		助走区間後の発達した流れ. $Re_d = (U_m \cdot D)/\nu$ U_m：断面平均流速 D：管内径 熱伝達率は着目区間入口、出口の対数平均温度差 ΔT_m に対応するもの. $q = h_m \Delta T_m$ $= \left(\dfrac{\lambda}{D} Nu_m\right)$
		乱流	$Nu_m = 0.023\, Re_d^{0.8} Pr^{1/3}$ （コルバーン (Colburn) の式）	管内表面温度一様	$10^4 < Re_d < 1.2 \times 10^5$ $0.7 < Pr < 120$	物性値は着目区間の入口、出口の混合平均温度の算術平均 $(T_{ma} = (T_{m1} - T_{m2})/2)$ における値を用い、粘性係数のみは膜温度 $(T_{ma} + T_w)/2$ の値.
			$Nu_m = 0.023\, Re_d^{0.8} Pr^{1/3} (\mu/\mu_w)^{0.14}$ （シーダ・テート (Sieder-Tate) の式）			コルバーンの式に粘性の効果を補正. 物性値は全て膜温度における値を用いる. μ_w だけは壁温 T_w における値.
	円管（円柱）に直角の流れ		$Nu_\phi = 1.14\, Re_d^{1/2} Pr^{0.4} \{1 - (\phi/90)^3\}$	管外表面温度一様	$0.5 < Pr < 5,\ \phi < 80$ ϕ は流れに向かう頂点からの角度	物性値はすべて膜温度における値を用いる.
			$Nu_m = 0.27\, Re_d^{0.6} Pr^{1/3}$		$10^3 < Re_d < 5 \times 10^4$	
			$Nu_m = 0.43 + 0.48\, Re_d^{0.5}$		$2 < Re_d < 500$	
			$Nu_m = 0.46\, Re_d^{0.5} + 0.00128\, Re_d$		$500 < Re_d < 2.5 \times 10^5$	
			$Nu_m = (0.30\, Re_d^{0.5} + 0.10\, Re_d^{0.67})$ $Pr^{0.4} (\mu/\mu_w)^{1/4}$	熱流束一様	$40 < Re_d < 10^5$ $1 < Pr < 300$	物性値はすべて主流温度における値を用い、ただ μ_w のみは平均表面温度における値を用いる.

直径 D の長い円管内を流れる流体の対流熱伝達などについて考える．流れの速度が十分に小さい場合，管内を十分な距離だけ進んだ位置における流れの状態は（　1　）である．

流体と円管壁との間の熱の移動しやすさを表す量として，熱伝達率が用いられており，その単位は（　2　）である．一般的に熱伝達率は無次元数ヌッセルト数で与えられ，例えば円管内で発達した強制対流熱伝達におけるヌッセルト数 Nu は一般に（　3　）で与えられる．

温度が一様な円管内を流れる発達した強制対流乱流熱伝達について，管長さ方向の平均熱伝達率に関する整理式を用いて熱流束を求めるためには，管壁温度と（　4　）との差を平均熱伝達率に乗じればよい．

［解］（1）層流　（2）$\mathrm{W\,m^{-2}\,K^{-1}}$　（3）$Nu_D = C Re_D^m Pr^n$（C は定数，Re_D は直径 D を代表長さとしたレイノルズ数，Pr は流体のプラントル数）　（4）混合平均温度

3.3.4　相変化を伴う熱伝達

伝熱過程において，液体から気体という相変化を伴う場合は，これまでの熱伝達とその機構が異なったものとなる．このような現象は工業的にはボイラーの水管内や復水器などで実際に見ることができる．ここでは沸騰および凝縮熱伝達について述べる．

1）沸騰熱伝達

液体を加熱していき**沸騰**（boiling）が起こるような場合，加熱面と液との間の温度差（過熱度）に対し，伝達される熱流束の値は**図 3.4** のようになる．この図のように沸騰を伴う熱伝達の特性を表したものを**沸騰曲線**（boiling curve）と呼ぶ．図中 A-B は相変化のない通常の自然対流熱伝達が支配的であるが，それよりも過熱度が上がると伝熱面上で沸騰が始まり気泡が発生し始め，過熱度の増大に伴い気泡の数も増え，熱流束は急激に増加し D 点に達する．この B-C-D 領域を**核沸騰**（nucleate boiling）領域と呼ぶ．

3.3 対流伝熱

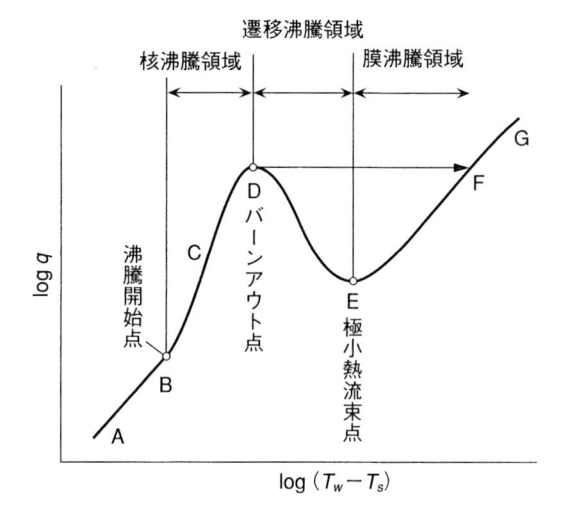

図 3.4 管内流れにおける流体の温度分布

さらに過熱度を大きくすると伝熱面温度が急激に上昇し突然 F 点に移行する．一般に F 点の温度は非常に高く，しばしば伝熱面の融解が起こることがある．このため，D 点のことを**バーンアウト** (burnout) 点，そして F 点に移る直前の極大熱流束をバーンアウト熱流束と呼ぶ．F 点において伝熱面が融解しなければ，伝熱面上にきわめて薄くかつ安定な蒸気膜が形成され，伝熱は蒸気膜内の熱伝導が支配的になる (F-G 領域)．この現象を**膜沸騰** (film boiling) という．いったん膜沸騰状態になると過熱度が F 点を過ぎて降下しても膜沸騰状態が続き，E 点の極小熱流束点に到達する．

核沸騰領域においては，蒸気よりも熱伝導率の大きな液体が伝熱面に接して存在すること，および形成された気泡が伝熱面を離脱する際に生じる局所的な流動によって伝熱面近傍の温度勾配がきわめて大きくなることにより，非常に大きな熱伝達率が得られる．一方，膜沸騰においては，伝熱面を覆う蒸気膜が大きな伝熱抵抗となるため，熱伝達率は小さくなる．

2）凝縮熱伝達

蒸気流体がその飽和温度以下の低温冷却面に接触すると，その面上に凝縮する．冷却面が水平に設置されていなければ，凝縮した液は重力によって流下する．その際の凝縮形態は大別して二種類に分類される．一つは冷却面に滴状に凝縮する**滴状凝縮**（nucleate condensation）であり，もう一つは冷却面に凝縮した液体が被膜となって冷却面を覆ってしまう**膜状凝縮**（film condensation）である．滴状凝縮は凝縮液滴が伝熱面上から落下する際に液膜を一掃して冷却面を蒸気に露出させるため，膜状凝縮に比べて熱伝達率が大きくなる．

3.4 放射伝熱

放射伝熱（ふく射伝熱）（radiation heat transfer）はこれまで解説した伝熱形態と比べその伝熱機構が大きく異なり，原理的には伝熱媒体を必要とせず，熱は電磁波によって伝わる．したがって基本的な原理や法則についても伝導，対流伝熱とは大きく異なる．

3.4.1 熱放射

一般に放射とは物体が電磁波としてエネルギーを放出する現象であり，電磁波の放射や吸収が物体内部の電子や分子などの熱運動に関係するものを特に**熱放射**（thermal radiation）という．熱放射によるエネルギーは物体の温度によって支配され，主に関与するのは可視光から赤外領域（波長 $0.3 \sim 10$ μm 程度）の電磁波である．

物体に電磁波が照射されると，その一部は吸収され一部は反射され残りは透過する．その割合をそれぞれ**吸収率**（absorvity）α，**反射率**（reflectivity）ρ，**透過率**（transmissisivity）τ とすると，

$$\alpha + \rho + \tau = 1 \tag{3.13}$$

となり，これを**キルヒホッフの法則** (Kirchhoff's law of thermal radiation) と呼ぶ．ここで，理想的な熱放射物体として $\alpha = 1$, $\rho = \tau = 0$ つまり熱放射をすべて吸収する物質を想定する．これを**黒体** (black body) といい，さまざまな物質からの熱放射を考えるうえで基本となる．

単位面積の物体表面から単位時間に放射される全波長エネルギー E を**放射エネルギー流束**（あるいは**射出能**，emissive power）といい，$\mathrm{W\,m^{-2}}$ の単位をもつ．また，物体から放射される単一波長のエネルギー E_λ を**単色放射エネルギー流束**（あるいは**単色射出能**，monochromatic emissive power）という．これは波長によって射出能が異なるということを示している．E と E_λ の間には

$$E = \int_0^\infty E_\lambda d\lambda \tag{3.14}$$

の関係がある．温度 $T\,[\mathrm{K}]$ における黒体の単色放射エネルギー流束 $E_{b\lambda}$ は次式で与えられる．

$$E_{b\lambda} = \frac{C_1}{\lambda^5 \left(e^{\frac{C_2}{\lambda T}} - 1\right)} [\mathrm{W\,m^{-3}}] \tag{3.15}$$

$$C_1 = 3.74 \times 10^{-16}\,\mathrm{W\,m^2}$$

$$C_2 = 1.44 \times 10^{-2}\,\mathrm{m\,K}$$

これを**プランクの法則** (Plank's law of black body radiation) と呼び，C_1，C_2 はそれぞれプランクの第1，2定数と呼ばれる．また，この式から単色放射エネルギー流束の極大値を与える波長 $\lambda_{\max}$ と温度 T との間に以下の関係が導かれる．

$$\lambda_{\max} T = 2.898 \times 10^{-3}\,\mathrm{m\,K} \tag{3.16}$$

この関係を**ウィーンの変移則** (Wien's displacement law) と呼ぶ．

(3.14) 式に (3.15) 式を代入して積分すると，温度 $T\,[\mathrm{K}]$ における黒体表面の**全放射エネルギー流束** E_b (total emissive power) が得られる．

$$E_b = \sigma T^4 \, [\text{W m}^{-2}] \tag{3.17}$$

$$\sigma = 5.67 \times 10^{-8} \, \text{W m}^{-2} \, \text{K}^{-4}$$

これを**ステファン－ボルツマンの法則**(Stefan-Boltzmann's law)と呼び，σ を**ステファン－ボルツマン定数**(Stefan-Boltzmann's constant)と呼ぶ．この式から，黒体の放射エネルギー流束 E_b は絶対温度の4乗に比例することがわかる．

3.4.2 放射率（射出率）

一般の物質からの熱放射は，単色放射エネルギー流束の波長依存性やその大きさなどの点において黒体とは異なる．そこで，一般の物質からの放射エネルギー流束をその物体と同じ温度の黒体放射エネルギー流束に対する割合という形で，次のように表す．

$$E_\lambda = \varepsilon_\lambda E_{b\lambda}$$

$$E = \varepsilon E_b = \varepsilon \sigma T^4 \tag{3.18}$$

ここで，ε_λ および ε は，その物質の**単色放射率**（あるいは**単色射出率**，

表3.4 代表的な物質表面の放射率

物質表面	温度 [K]			
	311	422	533	811
アルミニウム (研磨面)	0.04	0.04	0.05	0.08
(酸化面)	0.08	0.10	0.12	0.18
鋼 (研磨面)	0.02	0.02	0.02	0.04
(酸化面)	0.50	0.50	0.50	0.50
ガラス (研磨面)	0.95	—		
塗料 (黒)	0.90	—		
(白)	0.7–0.9	—		
(緑)	0.85	—		
水	0.96	—		

monochromatic emissivity) および**全放射率**（total emissivity）と呼ばれ，物体の表面温度および表面の特性によって定まる．特に ε_λ の波長依存性および ε の温度依存性がない理想的な物質を**灰色体**（gray body）と呼び，熱放射の問題を解く際に便宜的にこの仮定が用いられる．参考にさまざまな物質の放射率の値を**表 3.4** に示す．

3.4.3 キルヒホッフの法則

3.4.1 項において吸収率について述べたが，一般の物質の吸収率も放射率と同様に波長依存性があり，波長が λ から $\lambda+d\lambda$ の範囲のときの吸収率 α_λ を**単色吸収率**（monochromatic absorbance）と呼ぶ．

いま，熱放射が平衡状態にある物質について考えてみる．平衡状態であるから，物質に入射し吸収されるエネルギーと放出するエネルギーは等しくなる．ある物質に入射する単色放射エネルギー流束を I_λ とすると，

$$E_\lambda = \alpha_\lambda I_\lambda \tag{3.19}$$

また黒体の場合，$\alpha_\lambda = 1$ より $E_\lambda = I_\lambda$ となり，E_λ の定義より $E_\lambda = \sum E_{b\lambda}$ であるので結局，

$$\begin{aligned} E_\lambda &= \alpha_\lambda I_\lambda = \alpha_\lambda E_{b\lambda} = \varepsilon_\lambda E_{b\lambda} \\ \therefore \ \alpha_\lambda &= \varepsilon_\lambda \end{aligned} \tag{3.20}$$

となり，いかなる物質においてもその単色放射率と単色吸収率は同じ値となるという重要な性質が導かれる．これを**キルヒホッフの法則**（Kirchhoff's law）といい，灰色体の場合は $\sum \alpha_{b\lambda} = \alpha_\lambda$ となる．

3.4.4 物体間の放射伝熱

物体間の放射伝熱量を求めるためには，伝熱面の位置関係および各面ごとの熱収支を把握する必要がある．

いま，黒体二面間の放射伝熱について考える．一方の黒体面（面 1）から

放射され他方の黒体面 (面 2) に吸収される熱量は,面 2 が面 1 をすべて覆っていない限り面 1 から放射される全放射エネルギーのうちの一部となり,その割合は二つの面の相対的な幾何学的関係によって決定される.これを**形態係数 (角関係)** (shape factor) と呼び,このときの面 1 から面 2 への正味の放射伝熱量 Q_{1-2} は,

$$Q_{1-2} = \sigma(T_1^4 - T_2^4) A_1 F_{1-2} \tag{3.21}$$

と表される.ここで添字の 1-2 は面 1 から面 2 への放射を意味する.また,形態係数のもつ幾何学的意味から次の関係が成立する.

$$A_i F_{i-j} = A_j F_{j-i}, \quad \sum_{i=1}^{n} F_{j-i} = 1 \quad (1 \leq i,\ j \leq n) \tag{3.22}$$

形態係数 F_{i-j} は,幾何学的に面 i から面 j に熱放射光が届く確率 (あるいは割合) を意味すると考えてよい.

表 3.5 に代表的な面の組み合わせの場合の形態係数を示す.

[**例題 3.3**] 次の文章のカッコの中に適切な数値あるいは数式を入れよ.

表 3.5 代表的な面の組み合わせにおける形態係数

	面の組み合わせ	形態係数
I	広い平行平面 一方から射出された放射エネルギーはすべて他方に到達する.	$F_{12} = F_{21} = 1$
II	表面に凹部のない物体 1 が物体 2 の内面に完全に囲まれている 1 から放出された放射エネルギーはすべて 2 に到達する. (3.22) 式より, $F_{21} = \dfrac{A_1}{A_2} F_{12} = \dfrac{A_1}{A_2}$	$F_{12} = 1$ $F_{21} = A_1/A_2$
II	円管 2 の内側に同心の円柱 (あるいは円管) 1 がある (上欄と同じ)	$F_{12} = 1$ $F_{21} = A_1/A_2$ 二つの表面間の間隙が小さければ ($A_1 \fallingdotseq A_2$), $F_{12} = F_{21} = 1$

内径 D_{1i}, 外径 D_{1o}, 熱伝導率 k_1 の内管と，内径 D_{2i}, 外径 D_{2o}, 熱伝導率 k_2 の外管からなる，長さ L の二重管について考える．

まず，二重管の環状部分を真空にした場合を考える．ただし，管表面はすべて黒体表面と見なせるとする．外管の温度を 1000 K に保った場合に，外管から射出される放射のスペクトル分布は，おおよそ（ 1 ）μm の波長で最大値となる．一方，内管の外管に対する形態係数 F_{12} の値は（ 2 ）であり，外管の内管に対する形態係数 F_{21} の値は（ 3 ）である．ここで，管の長さを 1 m, 内管の外径を 10 cm, 外管の内径を 20 cm とし，内管の温度を 100 K に保ったとすると，外管から内管へ放射による伝熱量 Q は（ 4 ）W となる．ただし，ステファン-ボルツマン定数は 5.67×10^{-8} W m^{-2} K^{-4} とする．

[**解**] 1) 黒体放射において，単色放射強度の極大点を示す波長 λ_{max} と黒体温度 T との間にはウィーンの変移則が成り立つので，

$$\lambda_{max} = \frac{2.898 \times 10^{-3}}{T} = 2.898. \quad \text{よって } 2.90\,\mu\text{m}.$$

2) 面 1 から面 2 を見た場合，面 1 は外に向かって凸であるので $F_{1-1} = 0$ である．よって $F_{1-1} + F_{1-2} = 1$ より $F_{1-2} = 1$ となる．よって，求める形態係数は 1.

3) $F_{1-2} = 1$ および $A_1 F_{1-2} = A_2 F_{2-1}$ より $F_{2-1} = A_1/A_2 = D_{1o}/D_{2i}$.

4) 二重管両端の面積は管壁面の面積に比べて非常に小さいので無視し，先に求めた形態係数および各面積を (3.21) 式に代入して整理すると，

$$Q = -A_1 \sigma (T_1^4 - T_2^4) = 1.78 \times 10^4 \text{ W}.$$

3.5 熱交換

熱エネルギー利用システムの中では，流体間でしばしば熱エネルギーの**熱交換** (heat exchange) が行われる．この熱移動過程を**熱通過 (熱貫流)** (heat transmission, heat flow) といい，これまでに述べた熱伝導，熱伝達および放射伝熱などは熱通過の要素過程になっている．ここでは熱交換に関す

る基礎的な事項を述べ，次いで代表的な形式の熱交換器を対象とする交換熱量の計算や性能評価について概説する．

3.5.1 熱通過抵抗，熱通過率

熱交換の基本的な形態として，平板を隔てて高温流体から低温流体へ熱が移動する場合を考えてみる．各温度，熱伝達率，熱伝導率，平板厚さを**図3.5**のように定め，伝熱面積Aを通過する熱量をQとすると，定常状態ならばQは保存されるためいずれの要素過程においても等しく，

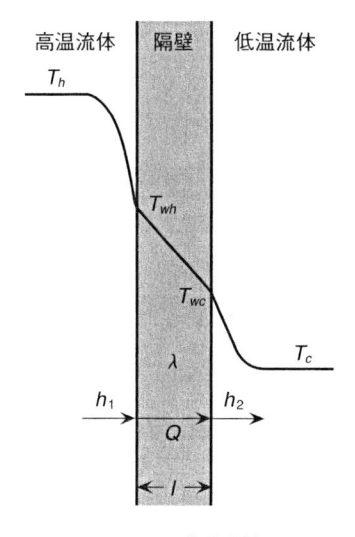

図3.5 沸騰曲線

$$Q = h_1 A(T_h - T_{wh}) = \frac{\lambda A}{l}(T_{wh} - T_{wc}) = h_2 A(T_{wc} - T_c) \tag{3.23}$$

と表される．これをまとめると，

$$Q = \frac{T_h - T_c}{\dfrac{1}{h_1 A} + \dfrac{l}{\lambda A} + \dfrac{1}{h_2 A}} \tag{3.24}$$

$$R = \frac{1}{h_1 A} + \frac{l}{\lambda A} + \frac{1}{h_2 A}$$

となり，分母を一つの**伝熱抵抗**（**熱通過抵抗**）（heat flow resistance）Rととらえ，一連の伝熱過程を一つの過程と同等に考えることができる．また，熱通過抵抗は個々の伝熱抵抗の和となっていることがわかる．

また，熱通過抵抗に伝熱面積を乗じたものの逆数を**熱通過率**（**熱貫流率**）（thermal transmissivity, over-all heat transfer coefficient）Kといい，次式のように表される．

3.5 熱交換

$$Q = KA(T_h - T_c) : K = \frac{1}{RA} \qquad (3.25)$$

高温流体から低温流体への交換熱量は，要素伝熱過程のうち最も大きな伝熱抵抗に支配される．

3.5.2 熱交換器

各種熱交換器の分類例を**表 3.6**に示す．各形式の構造の詳細については他書に譲るとして，ここでは主に，二重管式の**並流**（parallel flow）型および**向流**（counter flow）型の熱交換器について熱の交換やその性能を述べる．

並流型の特徴としては，流体が同方向に流れるため低温流体の流出温度は高温流体の流出温度以上にはならないことがある．また向流型では，流体が反対方向に流れるため，低温流体の流出温度を高温流体の流入温度近くまで上昇させることが可能で，一般に高い熱交換効率を有する．

1）熱交換量の算出

熱交換量を計算するためには，先述の通り熱交換面積，熱通過率および二流体間の温度差が必要である．管内のある区間（1～2）における二流体間の温度差には次式で求める対数平均温度差 ΔT_m が適用できる．

表 3.6 構造の特徴による熱交換器の分類

管形	二重管熱交換器	
	シェル・アンド・チューブ熱交換器	
プレート形	プレート形熱交換器	
フィン付き面形	プレート・アンド・フィン熱交換器（コンパクト熱交換器）	
	フィン・アンド・チューブ熱交換器	プレートフィン・アンドチューブ 円周フィン
蓄熱式	回転式熱交換器	軸流 半径流
	固定マトリックス熱交換器	

$$\Delta T_m = \frac{\Delta T_1 - \Delta T_2}{\ln(\Delta T_1/\Delta T_2)} \tag{3.26}$$

ΔT_1：断面1における混合平均温度と壁温度との差の絶対値
ΔT_2：断面2における混合平均温度と壁温度との差の絶対値

以上により全熱交換量を与える式は以下のように表される．

$$Q = KA\Delta T_m = \frac{\Delta T_m}{R} \tag{3.27}$$

なお，ΔT_m を求める式は並流，向流に関係なく適用できる．上式は二重管式の熱交換器を前提にして導かれたが，他の構造をもつ熱交換器の場合，上式に修正係数を乗じた式により全熱交換量が与えられる．修正係数の値は熱交換器の各形式ごとにデータブック等に詳細に掲載されている．

2）熱交換器の性能評価

熱交換器の性能を評価するものとして**温度効率** (temperature efficiency) η と**エネルギー効率** (energy efficiency) ε がある．温度効率とは，両流体の流入温度差に対する高温流体の温度降下あるいは低温流体の温度上昇の割合として以下のように定義される．

$$高温：\eta_h = \frac{T_{h,\mathrm{in}} - T_{h,\mathrm{out}}}{T_{h,\mathrm{in}} - T_{c,\mathrm{in}}} \tag{3.28}$$

$$低温：\eta_c = \frac{T_{c,\mathrm{out}} - T_{c,\mathrm{in}}}{T_{h,\mathrm{in}} - T_{c,\mathrm{in}}} \tag{3.29}$$

ここで，添字の h は高温流体，c は低温流体，in は入り口側，out は出口側を示す．エネルギー効率は，熱力学的に達成可能な最大交換熱量に対する実際の交換熱量の割合として定義される．いま，高温流体および低温流体の単位時間当たりに流れる流体の**熱容量**（**水当量**）(heat capacity) $C_h \, (= m_h c_{ph})$ および $C_c \, (= m_c c_{pc})$ のうち小さいほうを $C_{\min}$ とすると，最大交換熱量は $C_{\min}(T_{h,\mathrm{in}} - T_{c,\mathrm{in}})$ となる．ここで m は流体の質量流量，c_p は定圧比熱である．これに対し実際の交換熱量は $C_h(T_{h,\mathrm{in}} - T_{h,\mathrm{out}}) = C_c(T_{c,\mathrm{in}} - T_{c,\mathrm{out}})\,(= Q)$ であ

ので，
$$\varepsilon = \frac{C_h(T_{h,\text{in}} - T_{h,\text{out}})}{C_{\min}(T_{h,\text{in}} - T_{c,\text{in}})} = \frac{C_c(T_{c,\text{out}} - T_{c,\text{in}})}{C_{\min}(T_{h,\text{in}} - T_{c,\text{in}})} \tag{3.30}$$
と表される．

いま，両流体の熱容量のうち大きいほうを $C_{\max}$，小さいほうを $C_{\min}$ とし，熱容量比 Λ を $\Lambda = C_{\min}/C_{\max}$ と定義すると，ε は Λ と η_c, η_h を用いて以下のように表すことができ，ε は熱交換器の形式や伝熱面積などに依存して変化する．

$$C_{\min} = C_h \text{ のとき}: \varepsilon = \eta_h = \eta_c/\Lambda \tag{3.31}$$

$$C_{\min} = C_c \text{ のとき}: \varepsilon = \eta_h/\Lambda = \eta_c \tag{3.32}$$

[**例題 3.4**] 平板壁の両側を温度の異なる流体 A, B が壁表面に沿って流れている．流体 A, B 側の熱伝達率はそれぞれ $1000\,\text{W}\,\text{m}^{-2}\,\text{K}^{-1}$, $100\,\text{W}\,\text{m}^{-2}\,\text{K}^{-1}$ であり，壁材量の熱伝導率は $10\,\text{W}\,\text{m}^{-1}\,\text{K}^{-1}$，壁の厚さは $1\,\text{cm}$ である．この系において流体 A と流体 B との温度差が $96\,\text{K}$ であるとき，次の問いに答えよ．

1) 壁を通して伝わる熱流束を求めよ．

2) この熱通過における流体 A と壁との間の熱抵抗を R_{AW}，壁内の熱抵抗を R_W，また，壁と流体 B との間の熱抵抗を R_{BW} とすると，壁を通過する熱流束を増大させるためには，R_{AW}, R_W, R_{BW} のうちどれを小さくすることが最も有効であるか．

[**解**] 1) (3.28) 式より，
$$q = \frac{\Delta T}{\frac{1}{h_1} + \frac{l}{\lambda} + \frac{1}{h_2}} = \frac{96}{\frac{1}{1000} + \frac{0.01}{10} + \frac{1}{100}} = 8000\,\text{W}\,\text{m}^{-2}$$

2) それぞれの熱抵抗は，$R_{AW} = 1/h_1 = 1.0 \times 10^{-4}\,\text{m}\,\text{K}\,\text{W}^{-1}$, $R_W = l/\lambda = 1.0 \times 10^{-4}\,\text{m}\,\text{K}\,\text{W}^{-1}$, $R_{BW} = 1.0 \times 10^{-3}\,\text{m}\,\text{K}\,\text{W}^{-1}$. したがって最も熱抵抗の大きい R_{BW} を小さくするのが有効．　■

[**例題 3.5**] 温度が $75\,°\text{C}$ の温水を使って，$10\,°\text{C}$ の空気を $40\,°\text{C}$ まで加熱するための熱交換器をつくりたい．次の問いに答えよ．

1) 空気の流量を $0.30\,\mathrm{kg\,s^{-1}}$ とするとき,加熱によって空気が得る熱量はいくらか.ただし空気の定圧比熱を $1.00\,\mathrm{kJ\,kg^{-1}\,K^{-1}}$ とする.

2) 二重管式熱交換器のうち,向流式を使用すると低温流体の流出温度を高温流体の流入温度近くまで上昇させることが可能である.温水の流出温度が $50\,\mathrm{℃}$ であるとき,向流式熱交換器では温水と空気の平均温度差はそれぞれ何 ℃ か.

3) 熱交換器内における高温,低温流体間の平均的な温度差 ΔT_m として対数平均温度差が使われるが,この熱交換器の対数平均温度差 ΔT_m はいくらか.また,熱通過率を $25.0\,\mathrm{W\,m^{-2}\,K^{-1}}$ とすれば,必要な伝熱面積はいくらか.

[解] 1) $(1.00)(0.30)(313-283) = 9.0\,\mathrm{kW}$

2) (3.26) 式より,対数平均温度差を求めると

$$\Delta T_m = \frac{(323-283)-(448-313)}{\ln\left(\dfrac{323-283}{448-313}\right)} = \frac{5}{\ln\left(\dfrac{40}{35}\right)} = 37.4\,\mathrm{℃}$$

3) 全熱交換量 $Q = 9.0\,\mathrm{kW}$,対数平均温度差 $\Delta T_m = 37.4\,\mathrm{℃}$ であるから,必要となる伝熱面積は (3.27) 式を用いて,

$$A = \frac{Q}{K\Delta T_m} = \frac{9.0\times 10^3}{25.0\times 37.4} = 9.62$$

したがって,必要な伝熱面積は $9.6\,\mathrm{m^2}$. ■

[例題 3.6] 加熱炉の壁が 2 層のれんがで構成されており,炉内側には厚さが $300\,\mathrm{mm}$ で熱伝導率が $1.00\,\mathrm{W\,m^{-1}\,K^{-1}}$ の耐火れんが,外側には厚さが $100\,\mathrm{mm}$ で熱伝導率が $0.200\,\mathrm{W\,m^{-1}\,K^{-1}}$ の断熱れんがが使用されている.炉内に面する耐熱れんがの表面温度が $1200\,\mathrm{K}$,外気に接する断熱れんがの表面温度が $400\,\mathrm{K}$ であるとき,次の各問いに答えよ.

ただし,2 層のれんがの接触面での熱抵抗はなく,外気および加熱炉周囲の温度を $300\,\mathrm{K}$,断熱れんが表面の放射率を 0.80 とする.また,ステファン-ボルツマン定数を $5.67\times 10^{-8}\,\mathrm{W\,m^{-2}\,K^{-4}}$ とする.

1) 炉壁を通過する熱量は単位面積当たり何 kW か.

2) 耐火れんがと断熱れんがの接触面での温度は何 K か.

3) 断熱れんがの表面から外部への熱放射による伝熱量は単位面積当たり何 kW か.

4) 断熱れんが表面における熱伝達率はいくらか.

[解] 1) 積層平板の熱伝導より,求める熱流束 q_c [W m^{-2}] は,

$$q_c = \frac{1200 - 400}{\dfrac{0.300}{1.00} + \dfrac{0.100}{0.200}} = 1000 \text{ W m}^{-2}. \quad \text{よって } q_c = 1.00 \text{ kW m}^{-2}.$$

2) 接触面での温度を T [K] とおくと,

$$q_c = 1000 = \frac{1200 - T}{\dfrac{0.300}{1.00}} = \frac{T - 400}{\dfrac{0.100}{0.200}} \quad \text{よって } T = 900 \text{ K}.$$

3) 断熱れんが表面が温度 300K の黒体で囲まれていると考え,放射熱流束 q_r [W m^{-2}] を求める.断熱れんがの放射率 ε, ステファン－ボルツマン定数 σ とおくと,

$$q_r = \varepsilon\sigma(400^4 - 300^4)$$
$$= 0.80 \times 5.67 \times 10^{-8} \times (400^4 - 300^4) = 793.8$$

よって $q_r = 0.79 \text{ kW m}^{-2}$.

4) 熱収支より,対流伝熱により断熱れんが表面から外気に伝達される熱流束 q_t [W m^{-2}] は,以下の式により表される.

$$q_c = q_r + q_t$$

また,熱伝達率 h を用いると q_t [W m^{-2}] は,$q_t = h(400 - 300)$.
$q_c = 1000$ W m^{-2}, $q_r = 793$ W m^{-2} より,$q_c - q_r = 206 = h(400 - 300)$.
したがって,$h = \dfrac{206}{(400 - 300)} = 2.06$. よって熱伝達率は 2.1 W m^{-2} K^{-1}.

形態係数と太陽定数

温暖化が地球全体の重大な課題になってきた近年,自然エネルギーを有効に利用しようとする動きが活発になってきた.太陽光エネルギーは自然エネルギーの源であり,一日に地球に入射しているエネルギー量は,埋蔵されている化石エネルギーの15倍以上あるともいわれている.

さて,地球に降り注ぐ $1\,\mathrm{m}^2$ 当たりの太陽光のエネルギー量はどのくらいだろうか.放射伝熱の理論から計算してみよう.

太陽と地球との距離は非常に大きいので,図のように互いに向き合う円盤1(太陽),円盤2(地球)の表面間の放射伝熱と考えて,地球の表面 $1\,\mathrm{m}^2$ 当たりに入射する放射エネルギーを求めてみる.ここでいう表面とは,大気圏外で大気による放射熱の吸収・反射の影響を受けない条件の位置(地球大気表面)を意味する.

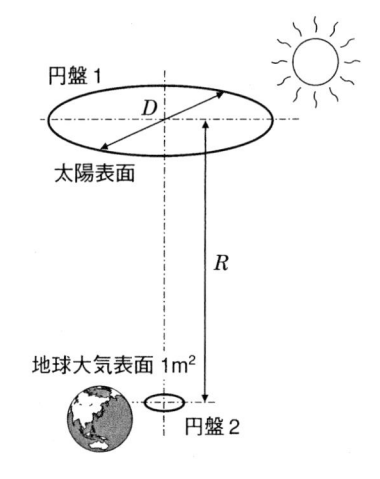

図 太陽と地球の立体関係

互いの立体関係から,太陽から地球を見る形態係数 F は,$F = \dfrac{D_1^{\,2}}{4r^2 + D_1^{\,2}}$ (D_1 は太陽の直径,r は太陽と地球との距離)で表すことができる.太陽直径を139万 km,太陽と地球間の距離を1億5000万 km(実際は1億4710万 km〜1億5210万 km)であるから,形態係数 F は

$$F = \frac{(1.39 \times 10^6)^2}{4 \times (1.5 \times 10^8)^2 + (1.39 \times 10^6)^2} = 2.18 \times 10^{-5}$$

太陽の表面温度 $T_{\mathrm{sun}} = 5770\,\mathrm{K}$,地球の表面温度 $T_{\mathrm{earth}} = 288\,\mathrm{K}$,放射率1として,ステファン-ボルツマンの法則を用いて,太陽から地球表面 $1\,\mathrm{m}^2$ に届く放射エネルギー Es を求めると,

$$Es = F\sigma(T_{\mathrm{sun}}^{\,4} - T_{\mathrm{earth}}^{\,4})$$
$$= (2.18 \times 10^{-5})(5.67)\left\{\left(\frac{5770}{100}\right)^4 - \left(\frac{288}{100}\right)^4\right\} = 1350\,\mathrm{W}$$

この値は，地球科学で用いられる太陽定数（地球大気表面の単位面積に垂直に入射する太陽のエネルギー量）1366 W とほぼ同じ値である．

演習問題

[1] 内径が 50 mm の管内を 60 ℃ の水が平均流速 0.2 m s^{-1} で流れている．熱伝達係数を求めよ．ただし，$Nu = 0.023\,Re^{0.8}Pr^{0.4}$ が成り立つとする．

[2] 管長 L，外半径 r_0 の円管の表面に熱伝導率 λ の断熱材を施して放熱を抑えたい．断熱材は最低限どのくらいの厚さが必要か．ただし，円管での伝熱面積は，r_1 を内半径，r_2 を外半径とすると，$A = 2\pi L(r_2 - r_1)/\ln(r_2/r_1)$ で表される．

[3] 熱流束 600 W m^{-2} で放熱する直径 10 cm の円管が 30 ℃ の大気中に水平に置かれた．このとき，円管表面の温度はいくらと推定されるか．ただし，対流伝熱のみで伝熱していると仮定し，空気の物性値として動粘性係数 $\nu = 2.3 \times 10^{-5}$ m^2 s^{-1}，熱伝導率 $\lambda = 0.032$ W m^{-1} K^{-1}，$Pr = 0.70$ を用いよ．

[4] 表面の放射率 $\varepsilon = 0.8$ の温度計を，壁温が 3 ℃ の十分に広い部屋の大気中（放射率 $\varepsilon = 1$ の表面に囲まれていると見なすことができる）に放置した．温度計まわりの流れによる熱伝達率が 10 W m^{-2} K^{-1} であるとき，その温度計が 20 ℃ を示した．大気の本当の温度はいくらか．

参 考 書

1) J. P. Holman：『Heat Transfer』7 th ed., McGraw Hill (1996).
2) 高村淑彦・山崎正和：『エネルギー管理士試験講座 熱分野Ⅱ－熱と流体の流れの基礎』省エネルギーセンター (2006).
3) 内田秀雄 編：『大学演習 伝熱工学』裳華房 (1969).
4) 庄司正弘：『伝熱工学』東京大学機械工学 6, 東京大学出版会 (1995).
5) 甲藤好郎：『伝熱概論』養賢堂 (1964).
6) 相原利雄：『伝熱工学』機械工学選書，裳華房 (1994).

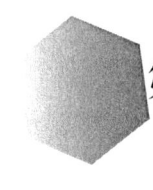

第4章 分　　離

化学プロセスにおいて物質の分離は，原料の高純度化および，反応の結果として得られる混合物からの目的成分の回収精製や，原料のリサイクルのために不可欠な技術である．本章で学ぶ蒸留と吸収は，成分を分離するための，最も基本的かつ代表的な操作であり，その原理には異なる相，例えば気体と液体の間での溶質の分配平衡が関わっている．さらに，粒子と流体を分離する操作として，平衡ではなく多孔体の孔により粒子透過を阻止する沪過と，障壁を通過する溶質の移動速度差に基づく膜分離についても学ぶ．

使 用 記 号

a：比表面積 $[m^2 m^{-3}]$
C_A：成分 A の濃度 $[mol\ m^{-3}]$
C_B：血液側溶質濃度 $[mol\ m^{-3}]$
C_D：透析液側溶質濃度 $[mol\ m^{-3}]$
C_s：限外沪過，逆浸透での溶質濃度 $[mol\ m^3]$
C_T：溶液の全モル濃度 $[mol\ m^{-3}]$
D：連続蒸留操作での留出液流量 $[kmol\ h^{-1}]$
D_A：成分 A の拡散係数 $[m^2 s^{-1}]$
F：連続蒸留操作での原料供給液流量 $[kmol\ h^{-1}]$
f：図 4.7 の多段操作における段数 $[-]$

G：ガス吸収操作でのガス空塔速度 $[mol\ m^{-2} s^{-1}]$
H：(4.26) 式のヘンリー定数 $[Pa\ m^3 mol^{-1}]$
H：移動単位高さ，HTU $[m]$
K：気液比 $[-]$
K：ルースの沪過係数 $[m^2 s^{-1}]$
K：(4.27a) 式のヘンリー定数 $[Pa]$
K：総括物質移動係数 $[m\ s^{-1}]$
K_G：気相基準総括物質移動係数 $[mol\ m^{-2} s^{-1} Pa^{-1}]$
K_L：液相基準総括物質移動係数 $[m\ s^{-1}]$

k_G：気相境膜物質移動係数 $[mol\ m^{-2} s^{-1} Pa^{-1}]$
k_L：液境膜物質移動係数 $[m\ s^{-1}]$
L：ガス吸収操作での液空塔速度 $[mol\ m^{-2} s^{-1}]$
L：単蒸留でのフラスコ内液量 $[cm^3]$
L：連続多段蒸留操作での還流液流量 ＝ 濃縮部での液流量 $[kmol\ h^{-1}]$
L'：回収部での液流量 $[kmol\ h^{-1}]$
L_0：単蒸留での初期フラスコ内液量 $[cm^3]$
m：(4.27b) 式のヘンリー定数 $[-]$

m：ケーク湿乾質量比 [kg-湿りケーク kg-乾燥ケーク$^{-1}$]
N：移動単位数, NTU [$-$]
N_A：物質移動流束（固定座標で表されたもの）[mol m^{-2} s^{-1}]
n：多段操作での段数 [$-$]
P：全圧 [Pa]
p：沪過圧力 [Pa]
P_A^0：成分 A の蒸気圧 [Pa]
p_A：成分 A の分圧 [Pa], [MPa]
p_m：沪材面上の圧力 [Pa]
q：蒸留塔への供給液のうちで液になるモル分率 [$-$]
q：沪液流速 [m s^{-1}]
R：蒸留での還流比 [$-$]
R：気体定数 [mol K m^{-3} Pa^{-1}]

R_m：蒸留での最小還流比 [$-$]
S：塔断面積 [m^2]
s：スラリー濃度 [kg-固体 kg-スラリー$^{-1}$]
T：温度 [K]
t：時間 [s]
V：蒸留塔の濃縮部での蒸気流量 [kmol h^{-1}]
V'：蒸留塔の回収部での蒸気流量 [kmol h^{-1}]
V：沪過における沪液量 [m^3]
W：連続蒸留操作での缶出液流量 [kmol h^{-1}]
X：不活性成分基準の気相モル分率 [$-$]
x：液相（液）でのモル分率 [$-$]
Y：不活性成分基準の液相モル分率 [$-$]
y：気相（蒸気）でのモル分率 [$-$]
Z：充填塔の充填高さ [m]

z：z 方向の距離 [m]
z：供給液中の着目成分のモル分率 [$-$]
z_G：気相境膜厚み [m]
z_L：液相境膜厚み [m]
α：平均沪過比抵抗 [m kg^{-1}]
α_{AB}：相対揮発度 [$-$]
δ：液境膜厚み [m]
γ：活量係数 [$-$]
μ：沪液粘度 [Pa s]
ρ：沪液密度 [kg m^3]

添字
av：平均
G：気相
i：不活性成分
L：液相
lm：対数平均
OG：総括気相
OL：総括液相
s：溶質

4.1 蒸 留

蒸留 (distillation) とは，混合溶液を，成分間の沸点の差すなわち蒸気圧差を利用して分離する操作である．焼酎やウイスキーなどの蒸留酒の製造に端を発し，あらゆる化学プロセスで原料や製品を精製するために用いられている．塔型の装置を用いる多段操作により，高い分離度が達成される．

　混合溶液を加熱して沸騰させるとき，低沸点成分の蒸発が進むにつれて液組成が変わり沸点は変化する．沸騰しているときの液と蒸気の組成には固有の関係（平衡関係）があり，異なる相での組成の差を用いて分離を行う．学生はしばしば，異なる沸点をもつ混合物を加熱すると，はじめに低沸点成分の純粋な蒸気が先に得られ，あとで高沸点成分のみが蒸発する，と誤解する．もしそうであれば蒸留による分離はもっと簡単になるが，実際にはそうはならず，蒸気と液の組成は**気液平衡** (vapor liquid equilibrium) により規定される．ここでは最も単純な組成の混合物として2成分系を扱い，蒸留による分離の原理と操作について述べる．

　蒸留は多くの場合一定圧力のもとで操作される．気液平衡関係の代表例として，ベンゼン－トルエン系の温度－組成線図を図 4.1 に示す．本章では液体組成を x，蒸気もしくは気体の組成を y で表記する．成分 A の液相組成 x_A の液を加熱して沸点に達すると沸騰し，そのときの蒸気は同じ温度での露点曲線上の点の組成 y_A となる．平衡関係にある蒸気－液組成をプロットした図を x-y 線図と呼び，図 4.2 に示す．平衡を表す曲線とともに，後述する設計に便利なように，気相組成と液相組成が等しい対角線を描く．

　成分 A の蒸気と液の平衡組成比を気液比 $K_A (= y_A/x_A)$ と呼び，成分 A と B の気液比の比を**相対揮発度** (relative volatility) α_{AB} という．

$$\alpha_{AB} = \frac{K_A}{K_B} = \frac{y_A/x_A}{y_B/x_B} \tag{4.1}$$

この値が大きいほど分離が容易であり，通常は1より大きい値をとる．ここ

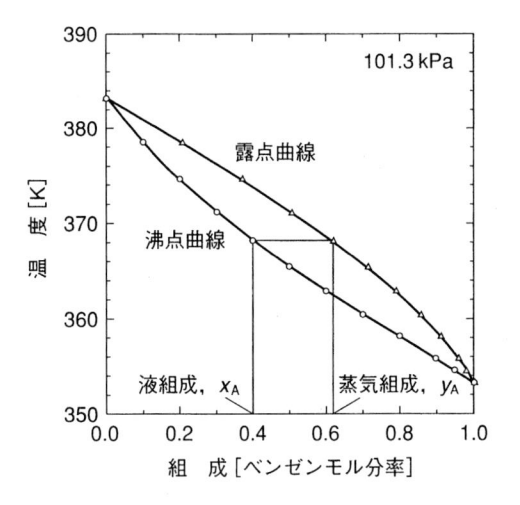

図4.1 ベンゼン－トルエン系の温度－組成線図

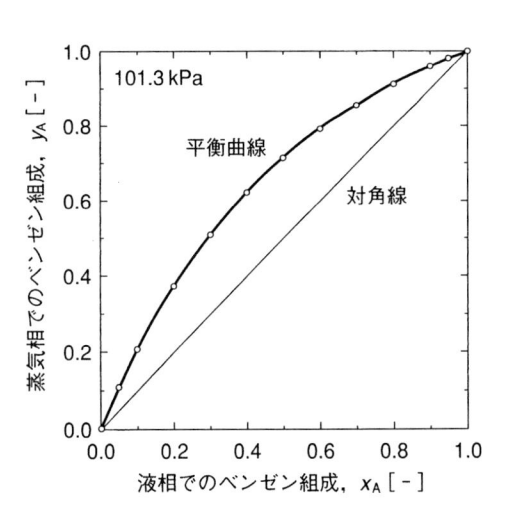

図4.2 ベンゼン－トルエン系の x-y 線図

で，2成分系では成分AとBの分率の間には自明な関係として $x_A + x_B = 1$, $y_A + y_B = 1$ が成立する．

気液平衡を知ることは蒸留操作を設計するうえで最も重要である．実測値は各種データ集として報告されているが，計算により推測できれば大変便利である．液体混合物のうちで，ベンゼン－トルエンやヘプタン－ヘキサンのように，分子構造が似ていて同種分子間および異種分子間での分子間相互作用の差が小さい液体混合物は**理想溶液**(ideal solution)をつくる．

理想溶液では**ラウールの法則**(Raoult's law)が成立し，蒸気中の成分Aの分圧 p_A は，純成分の蒸気圧 P_A^0 と液組成の積で与えられる．

$$p_A = P_A^0 x_A \tag{4.2}$$

蒸気圧 P_A^0 は温度の関数であり，アントワン(Antoine)式を用いて推算することができる．また，p_A は全圧 P とモル分率 y_A を用いて $p_A = y_A P$ と表され，(4.1)式に代入すれば

$$\alpha_{AB} = \frac{P_A^0/P}{P_B^0/P} = \frac{P_A^0}{P_B^0} \tag{4.3}$$

となる．全圧は分圧の和であり，A，Bの2成分系では $P = p_A + p_B$ である．したがって，理想溶液の気液平衡を推算するための基礎式は，相対揮発度 α_{AB} を用いて次式のように簡単に表すことができる．

$$y_A = \frac{p_A}{P} = \frac{P_A^0 x_A}{p_A + p_B} = \frac{\alpha_{AB} x_A}{1 + (\alpha_{AB} - 1) x_A} \tag{4.4}$$

次の例題では推算により気液平衡を求める方法について学ぶ．

[**例題 4.1**] ベンゼン－トルエンの2成分混合物の 101.3 kPa における気液平衡は，ラウールの法則で表すことができる．沸点が 373 K となる液組成および，この液と平衡にある蒸気組成を求めよ．ただし，純成分の蒸気圧はアントワン式を用いて計算せよ．

[**解**] ベンゼンを成分1，トルエンを成分2と表記し，373 K でのそれぞれの蒸気圧 P_i^0 をアントワン式から求める．

表 4.1 アントワン式 ($\log P^0 = A - B/(t - C)$) の定数, P^0 [kPa], t [K]

物質	A	B	C	沸点 [K]
ベンゼン	6.01905	1204.637	53.081	353.25
トルエン	6.07943	1342.320	54.205	383.77
エタノール	7.24222	1595.811	46.702	351.47
メタノール	7.20660	1582.698	33.385	337.80
水	7.06252	1650.270	46.804	373.15
n-ペンタン	5.99028	1071.187	40.384	309.22
n-ブタン	5.95358	945.089	33.256	272.65

$$\log P^0 = A - \frac{B}{t-C} \qquad P^0 \text{[kPa]}, \ t \text{[K]}, \ \log \text{は常用対数を表す.} \qquad (4.5)$$

$$P_1^0 = 179.3 \text{ kPa}, \ P_2^0 = 73.9 \text{ kPa}$$

全圧は各成分の分圧の和であるので,ラウールの法則と $x_1 + x_2 = 1$ の関係を用いて,$101.3 = 179.3 x_1 + 73.9 (1 - x_1)$ これより $x_1 = 0.26$, $y_1 = p_1/P = x_1 P_1^0/P = (0.26)(179.3)/(101.3)$, $y_1 = 0.460$

実測値は 0.438 であり,計算値とよく一致する. ■

溶液混合物が水溶液の場合,水分子にはたらく水素結合により,成分間の相互作用が水分子間の相互作用と大きく異なるために,理想溶液と見なせないことが多い.このような非理想溶液に対しては,理想溶液からのずれの程度を表す**活量係数** (activity coefficient) γ を用いて気液平衡を表す.

$$y_A P = \gamma_A x_A P_A^0 \qquad (4.6)$$

理想溶液では γ の値が 1 であり,理想性からのずれが大きくなるほど γ の値も大きくなる.さまざまな混合物に対する γ の値はウイルソン (Wilson),NRTL,UNIQUAC 式などにより推算される.

4.1.1 単蒸留

蒸留の中で最も簡単な回分操作であり,実験室では**図 4.3** に示すように,フラスコに原料を入れ加熱して沸騰させ,発生する蒸気を凝縮器 (コンデン

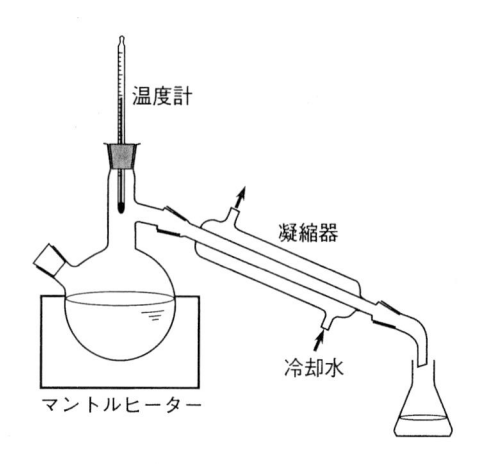

図 4.3 単蒸留の装置

サー)で冷却して得られる留出液を受け器に取り出すことが行われる．回分操作の特徴として，フラスコ，受け器内の溶液組成が蒸留の進行とともに変化するので，低沸点成分を濃縮するには，途中で蒸留を止めてフラスコ内の液を更新する必要がある．

　ある時点でのフラスコ液量を L，液体中の成分 A の組成を x_A，そのときの蒸気組成を y_A とする．沸騰状態にあるので x_A と y_A は平衡組成である．その後，量 dL だけ留出させると缶液(フラスコ内の液)の低沸点成分の組成と量は低下する．このときの物質収支は

$$Lx_A = (L-dL)(x_A - dx_A) + y_A dL \tag{4.7}$$

2次の微小量である $dLdx_A$ を無視して整理すると次式を得る．

$$\frac{dL}{L} = \frac{dx_A}{y_A - x_A} \tag{4.8}$$

y_A は x_A と平衡にあり，x_A に対応して変化する．この式を蒸留の開始時 (L_0, x_0) から任意の時点 (L, x_A) まで積分すると，

$$\int_{L_0}^{L} \frac{dL}{L} = \ln\frac{L}{L_0} = \int_{x_0}^{x_A} \frac{dx_A}{y_A - x_A} \tag{4.9}$$

となる．この式はレイリー (Rayleigh) の式と呼ばれ，缶液量と留出液組成の関係を与える．x_A と y_A の気液平衡関係が表や曲線で得られれば，x_A に対する $1/(y_A - x_A)$ のプロットから，図積分（数値積分）により (4.9) 式の右辺の値を求める．さらに，この積分値を x_A に対してプロットし，縦軸の値が $\ln(L/L_0)$ に対応する x_A が求められる．これより，留出液の平均組成 $\bar{x}$ は物質収支から次式となる．

$$\bar{x} = \frac{L_0 x_0 - L x_A}{L_0 - L} \tag{4.10}$$

[**例題 4.2**] ベンゼン 40 mol%，トルエン 60 mol% の混合物を 101.3 kPa の大気圧下で単蒸留する．**表 4.2** に示す気液平衡を用いて，留出率 0.4 のときの缶内液組成および平均留出液組成を求めよ．

表 4.2 101.3 kPa でのベンゼン－トルエン系の気液平衡 (各相のベンゼンのモル分率)

x (液相)	0.1	0.2	0.3	0.4	0.5	0.6	0.7	0.8	0.9
y (気相)	0.217	0.384	0.517	0.625	0.714	0.789	0.855	0.910	0.957

[**解**] 成分 A をベンゼンとして，各平衡組成 x_A, y_A について $1/(y_A - x_A)$ を求め，x_A に対して $1/(y_A - x_A)$ をプロットすると**図 4.4** になる．
留出率 $1 - L/L_0 = 0.6$ より，$L/L_0 = 0.4$

(4.9) 式より $\displaystyle\int_x^{0.4} \frac{dx}{y_A - x_A} = 0.916$

図 4.4 の図積分の面積が 0.916 になる x_A の値を求めると，$x_A = 0.205$ となる．平均留出液組成 $\bar{x}$ は (4.10) 式より

$$\bar{x} = \frac{0.4 - (0.4)(0.205)}{1 - 0.4} = 0.53$$

4.1.2 フラッシュ蒸留

単蒸留が回分操作であるのに対して，**フラッシュ蒸留** (flash distillation) は最も簡単な連続操作で，連続的に供給される原料を加熱したのち，急激に減圧して蒸気と液に分離する．このとき，気液の組成は平衡状態にある．い

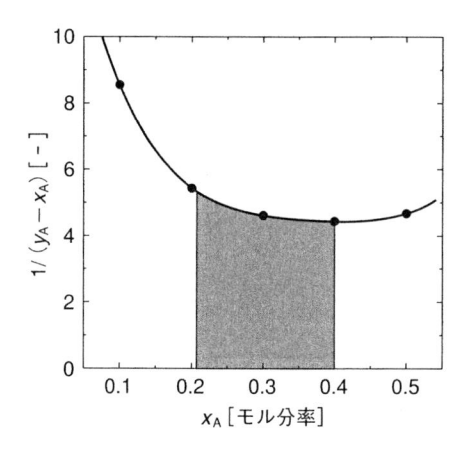

図 4.4 レイリーの式の図積分

ま,図 4.5 に示すフラッシュ蒸留を考える.一般に,連続操作を扱う際には液量や液の流速は大文字で,組成は小文字で表記され,組成には低沸点成分の値を用いる.流量と組成の単位は物質量もしくは質量基準で表される.ここで原料供給液流量を F,供給液組成を z,留出液流量を D,組成を y_D,缶出液流量を W,組成を x_W として流量の単位を $\mathrm{kmol\ h^{-1}}$,組成をモル分率とす

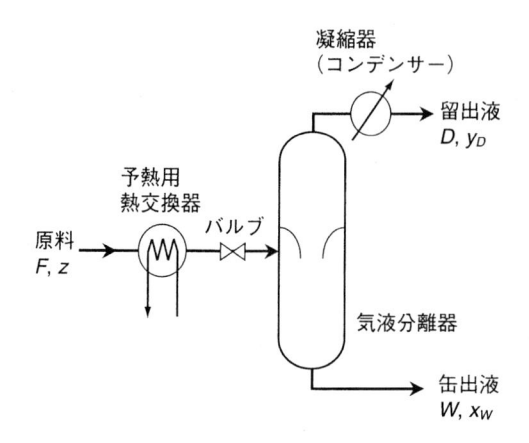

図 4.5 フラッシュ蒸留装置

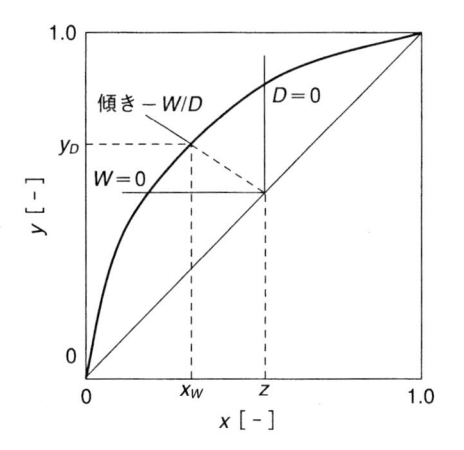

図 4.6 フラッシュ蒸留操作

れば，

$$\text{全量収支} \quad F = D + W \tag{4.11}$$

$$\text{低沸点成分収支} \quad Fz = Dy_D + Wx_W \tag{4.12}$$

両式より次の関係を得る．

$$y_D = -\frac{W}{D}x_W + \left(1 + \frac{W}{D}\right)z \tag{4.13}$$

この式は図 4.6 の対角線上の点 (z,z) を通り，傾きが $-W/D$ の直線を表す．x_W と y_D は平衡にあるので，この直線と平衡曲線との交点は蒸気組成と液組成を与える．液量（缶出液量）が多いと傾きは大きくなり，y_D と z の差は大きくなる．蒸気量（留出液量）が多いと y_D と z の差は小さくなる．

4.1.3 連続多段蒸留の原理

目的成分を混合溶液から高純度で分離するには，単段の操作では不十分で，**還流**（reflux）を伴う**多段操作**（multistage operation）で達成される．連続多段蒸留の原理を**図 4.7 (a), (b), (c)** に示す．各段からは液（実線）と蒸気（破線）が取り出されて次の段へ送られ，原料が流量 F で供給される第 f 段

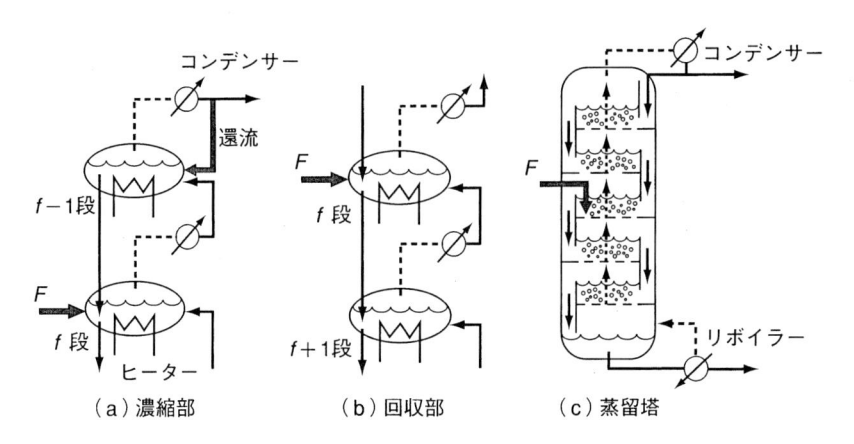

図 4.7 連続多段蒸留の原理

を境として，その上流側（濃縮部）と下流側（回収部）に分けて考える．

　濃縮部では図 4.7 (a) に示すように，第 f 段の溶液を加熱して生成した蒸気を凝縮させたものをさらに濃縮するため，$f-1$ 段に送られる．この段から低沸点成分濃度の高い蒸気を得るためには，液中の低沸点成分組成を大きくする必要がある．このため，$f-1$ 段から出た蒸気を凝縮させた液の一部を，元の $f-1$ 段に還流し，戻した量と同量の液を $f-1$ 段から抜き出して f 段に戻す．もし，還流と抜き出しがなければ，$f-1$ 段に入る凝縮液の組成と，この段を去る蒸気の組成が等しくなり分離は進まない．還流は，下の段よりも低沸点成分濃度が高い蒸気を得るために不可欠であり，還流がなければ濃縮液を十分な量で得ることができない．

　同様に，図 4.7 (b) に示すように，第 f 段の液から低沸点成分を蒸気として回収するにも，液の抜き出しが必要となる．f 段の液を取り出して $f+1$ 段に加え，$f+1$ 段からの蒸気の凝縮液を f 段に加えれば回収ができる．このとき，$f+1$ 段から液を抜き出さなければ，f 段から $f+1$ 段へ入る液と f 段へ入る凝縮液の組成が等しくなり，回収は進まない．

　連続多段蒸留操作では，これらの濃縮，回収の操作を一つの蒸留塔で行わ

せる．図4.7(c)のような塔では内部に多孔板が棚状に設置されて，段がつくられる．液が多孔板の上にたまるように供給されて順に下の段に流れ下り，蒸気は塔底から塔頂へ，多孔板の孔を通って上昇する．その間に気液は激しく混合され，物質が移動して平衡に近づく．また，液の沸点は塔の上部で低く，底部で高いため，下の段から発生する高温の蒸気を上の段に導くことで，蒸気の凝縮と液の加熱沸騰が同時に行われ，上下の段間で効率良く熱移動が行われる．

4.1.4　操作線とq線

連続多段蒸留の操作の設計とは，分離に必要な段数と流量を求めることである．まず，流れについて物質収支をとることから始める．図4.8に示す概略図のように，塔に組成z_iの原料が流量Fで供給され，塔頂から留出液量D，組成x_{Di}の液が，また塔底からは缶出液流量W，組成x_{Wi}の液が取り出される．原料供給段から塔頂までを濃縮部，塔底までを回収部と呼ぶ．加熱缶(リボイラー，reboiler)で発生した蒸気は塔内を上昇し，塔頂から出た蒸気は全縮器(コンデンサー，condenser)で冷却して凝縮される．このうち一部は塔に還流され，残りが留出液として取り出される．このとき還流液流量Lを留出液流量Dで割った値を**還流比**(reflux ratio)Rと定義する．Rを大きくすると，段間の濃度差が大きくなり分離度は高くなるが，塔を循環する液量が大きくなるため，加熱エネルギーは増大する．

目的とする分離の条件として，原料(供給液)の液量と組成，留出液，缶出液

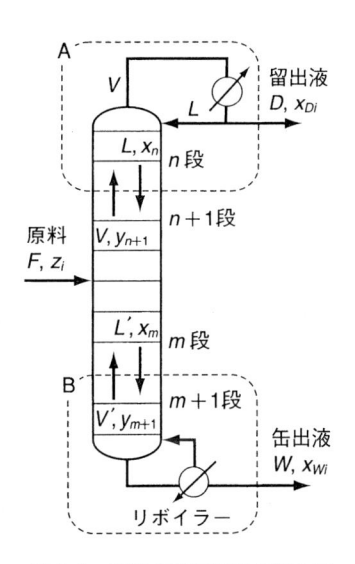

図4.8　連続多段蒸留塔の概念図

組成あるいは留出液組成と目的成分の回収率が与えられ，還流比と段数を定めることが目標となる．設計のための手がかりは，気液平衡，物質収支，熱収支である．はじめに物質収支から求められる**操作線** (operating line) について考える．塔径は，蒸気と液の流動条件から決められるが，本書では扱わないため参考書を参照されたい．

まず，塔のまわりの物質収支をとる．

流量の収支 $\qquad F = D + W \qquad$ (4.14)

着目成分，iの収支 $\qquad Fz_i = Dx_{D,i} + Wx_{W,i} \qquad$ (4.15)

次に濃縮部の囲みAについて次式が得られる．

$$V = L + D \qquad (4.16)$$

$$Vy_{n+1,i} = Lx_{n,i} + Dx_{D,i} \qquad (4.17)$$

還流比 $R = L/D$ を用いると

$$y_{n+1,i} = \frac{L}{V}x_{n,i} + \frac{D}{V}x_{D,i} = \frac{R}{R+1}x_{n,i} + \frac{1}{R+1}x_{D,i} \qquad (4.18)$$

これは濃縮部の操作線の式と呼ばれ，塔頂から数えて第 n 段の液組成，$x_{n,i}$ とその下の段から上昇する蒸気組成 $y_{n+1,i}$ の関係を与える．

次に回収部の囲みBについて収支をとると，

$$V' = L' - W \qquad (4.19)$$

$$V'y_{m+1,i} = L'x_{m,i} - Wx_{W,i} \qquad (4.20)$$

ここで段数 m は塔頂から数える．回収部の操作線は

$$y_{m+1,i} = \frac{L'}{V'}x_{m,i} - \frac{W}{V'}x_{W,i} \qquad (4.21)$$

で与えられる．

V と V'，L と L' の関係は，原料がどの割合で蒸気もしくは液になるか，により定まる．供給液のうちで液になるモル分率を q とすれば，蒸気のモル分率は $(1-q)$ であるため，

$$L' = L + qF \qquad (4.22)$$

$$V' = V - (1-q)F \tag{4.23}$$

原料供給段では濃縮部と回収部の操作線が交わる．(4.18)式と(4.21)式の交点の座標を (x,y) として，(4.22)式および(4.23)式を用いて整理すると

$$y = -\left(\frac{q}{1-q}\right)x + \frac{z}{1-q} \tag{4.24}$$

この式は二つの操作線の交点の軌跡であり，x-y 線図上で点 $F(z,z)$ を起点とする傾き $-q/(1-q)$ の直線を表し，この直線を q 線と呼ぶ．

q の値はまた，供給原料の熱的状態からも定義することができる．

$$q = \frac{\text{原料1モルを供給状態から沸点蒸気にするための熱量}}{\text{原料のモル蒸発潜熱}} \tag{4.25}$$

原料が沸騰状態の液では $q=1$，沸騰状態の蒸気では $q=0$ となる．

4.1.5 蒸留塔の所要理論段数の決定

条件として原料の組成，q 値，目標とする出口組成 (x_D, x_W) と還流比が与えられるとき，以下の (1)～(3) の仮定をおくことで x-y 線図上の階段作図により段数を決定できる．この方法は**マッケイブ-シーレ**（McCabe-Thiele）**法**と呼ばれる．

(1) 段上の蒸気と液はそれぞれ完全混合で，段を去る蒸気と液は平衡にある．この状態を理論段または理想段と呼ぶ．

(2) コンデンサー，リボイラー以外での熱の出入りはない．

(3) 気液のモル流量は濃縮部と回収部において一定である．

これらの仮定のうえで求められた段数を理論段数と呼ぶ．実際には(1)が成立しないため，装置の1段での分離は1理論段に達しない．理論段に対する実際段の分離の割合を**段効率**（stage efficiency）と呼び，実際の段数は理論段数と段効率から求める．次の例題では，マッケイブ-シーレ法による所要理論段数の決定法を学ぶ．

[**例題 4.3**] 流量が 100 kmol h^{-1} で,メタノール 40 mol%,水 60 mol% からなる混合物を蒸留塔により,メタノールを 95 mol% の純度で供給量の 90 % 以上を回収したい.還流比を 3.5 とした場合の所要理論段数を求めよ.ただし,操作圧力は 101.3 kPa で一定,原料は沸点の液で供給される.

[**解**] 題意より $F = 100$ kmol h^{-1}, $z = 0.4$, $x_D = 0.95$, $R = 3.5$ である.回収率 90 % より,$Dx_D/(Fz) = D(0.95)/\{(100)(0.4)\} = 0.9$

これより $D = 37.9$ kmol h^{-1},塔まわりの物質収支より

$100 = 37.9 + W$

$100(0.4) = (37.9)(0.95) + Wx_W$

$W = 62.1$ kmol h^{-1}, $x_W = 0.105$

作図を次の順に行う.

1) 濃縮部の操作線を描く.図 4.9 の x-y 線図の対角線上に点 $D(x_D, x_D)$ をとり,この点と切片 $x_D/(R+1)$ を結ぶ.

2) q 線を描く.原料が沸点の液なので,傾きは無限大で点 $Z(z, z)$ を通る垂直線

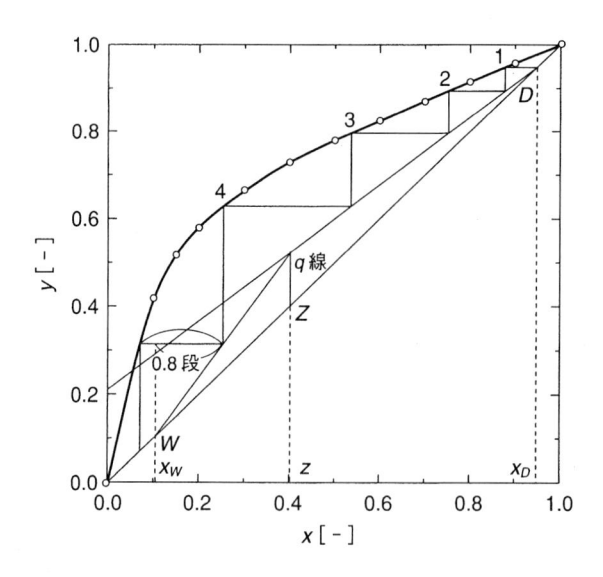

図 4.9 マッケイブ–シーレ法による段数の決定

を引く．

3）回収部の操作線を描く．点 $W(x_W, x_W)$ と，q 線と濃縮部の操作線の交点を結ぶ．

4）階段作図を行う．点 D を起点として水平線を引くと，平衡曲線との交点が，第1段を去る蒸気組成を与える．この交点から垂直線を引き濃縮部の操作線との交点を得る．この点から再び水平線を引き，平衡曲線との交点を求めると，この点が第2段の気液組成を与える．このように階段を繰り返し，作図のための水平線が q 線を越えた後は，操作線には回収部のものを用いる．また，q 線を越えたところの段を原料供給段とする．

5）作図のための水平線が x_W を越えたところで垂直線を描き作図を終える．x_W までの段数の端数は図のように比例案分して求め，このとき約 0.8 となる．これは，リボイラーを含めた理論段数として 4.8 段であることを示している．　■

4.1.6　最小還流比と最小理論段数

還流比を変えると濃縮部の操作線の傾きが変わるため，所要理論段数は大

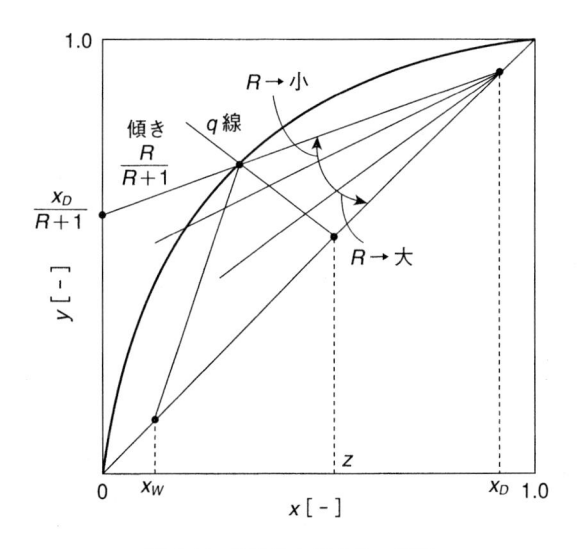

図 4.10　還流比と操作線の関係

きく変化する．図 4.10 および (4.16) 式でわかるように，還流比 R が大きくなると濃縮部の操作線は平衡曲線から離れ，一つの段での分離は向上する．R が無限大，すなわちコンデンサーからの凝縮液をすべて塔に戻し，留出液を取り出さない全還流操作では所要理論段数は最小になる．逆に還流比を小さくすれば操作線の傾きは小さくなり，操作線はやがて平衡曲線と q 線の交点を通る．このときの還流比を**最小還流比** (minimum reflux ratio) と呼び R_m で表す．このとき理論段数は無限大となり，これ以上還流比を小さくすると x_D までの分離ができなくなる．R_m は実際の還流比を決めるための限界値として重要で，実際の還流比 R には R_m の 1.1〜1.5 倍の値を選択する．R_m の値は，平衡曲線と q 線の交点を通る，濃縮部の操作線の傾き $R_m/(R_m+1)$ か，もしくは y 切片 ($x_D/(R_m+1)$) から計算される．

4.2 ガス吸収

一定温度のもとで，特定のガス成分を液体に溶解させるとき，ガスの液中での濃度は，気相でのガス分圧に応じて変化し，その気液系に固有の値である溶解平衡に達する．このときの濃度を溶解度と呼ぶ．多くのガスは液体への溶解度が比較的小さく，成分 A の液中濃度 C_A は気相中の分圧 p_A に比例し，

$$p_A = HC_A \tag{4.26}$$

が成立する．これをヘンリー (Henry) の法則といい，$H\,[\mathrm{Pa\,m^3\,mol^{-1}}]$ をヘンリー定数と呼ぶ．この定数は二つの相での濃度比であるが，濃度の表現にはさまざまな形式があることに注意すべきである．成分 A の液相，気相での濃度をモル分率 x_A, y_A で表すと，次のように書くこともできる．

$$p_A = Kx_A \tag{4.27a}$$

$$y_A = mx_A \tag{4.27b}$$

ここで K や m もヘンリー定数と呼ばれる．K と H の間には $H = K/C_T$

の関係があり，C_T は溶液の全モル濃度である．次の例題では，ヘンリー定数を用いたガスの飽和濃度の決定法について学習する．

[**例題 4.4**] 二酸化炭素 CO_2 の水への溶解はヘンリーの法則に従う．300 K で CO_2 を 10 % 含む全圧 101.3 kPa のガスと平衡にある，水中の CO_2 濃度 [kmol m^{-3}] を求めよ．このとき水の密度は 997.0 kg m^{-3} である．$p = Kx$ (p [MPa]，x [モル分率]) で表されるヘンリー定数は以下の式で求められ，$T_0 = 298.2$ K で，CO_2 に対する各定数の値は K_0：165.8 MPa，A：29.319，B：-21.669，C：0.3287 である．

$$\ln\left(\frac{K}{K_0}\right) = A\left(1 - \frac{T_0}{T}\right) + B\ln\left(\frac{T}{T_0}\right) + C\left(\frac{T}{T_0} - 1\right)$$

[**解**] まず，300 K における CO_2 のヘンリー定数を求める．

$$\ln\left(\frac{K}{165.8}\right) = (29.319)\left(1 - \frac{298.2}{300}\right) + (-21.669)\ln\left(\frac{300}{298.2}\right)$$
$$+ (0.3287)\left(\frac{300}{298.2} - 1\right)$$

を計算すると $K = 173.9$ MPa．CO_2 の分圧 p [kPa] は，$p = (0.10)(101.3) = 10.13$ kPa．$p = Kx$ の式にこれらの値を代入すると，$x = 5.825 \times 10^{-5}$．水の全モル濃度 C_T [kmol m^{-3}] は，水のモル質量 M_W を用いて $\rho_M/M_W = 997.0/18.02 = 55.33$ kmol m^{-3} であるので，水中の CO_2 濃度 C [kmol m^{-3}] は，

$$C = C_T x = (55.33)(5.825 \times 10^{-5}) = 3.23 \times 10^{-3} \text{ kmol m}^{-3}$$

となる．■

4.2.1 吸収速度

気相中または液相中に含まれる物質の濃度が不均一であるとき，物質は濃度の高いところから低いところへ**拡散** (diffusion) により移動する．拡散はランダムな分子運動に基づくもので，流れがない場合にはいずれの方向にも等しく生じる．ここで，物質 A の z 方向のみの移動を考える場合，物質移動の**流束** (flux) (単位時間・断面積当たりの移動量) は，拡散係数 D_A と A の濃

度勾配 C_A に比例し，次式で表現される．

$$流束 = -D_A \frac{dC_A}{dz} \quad (4.28)$$

この式はフィック (Fick) の法則として知られており，第3章で学んだ熱伝導での熱流束を表すフーリエの法則と対応している．物質移動では，流束の表記として物質Aが希薄であるという条件のもとで，固定座標を表す N_A を用いる．厳密にはフィックの法則の流束は，移動座標を表す J_A で書くべきであるが，実際に取り扱う状況の多くは実質的に希薄とみなせるため，本書では N_A で表記する．Aが理想気体であり，z 方向に定常状態で拡散しているとき，位置1から2への流束は

$$N_A = \frac{D_A}{RT(z_2 - z_1)}(p_{A2} - p_{A1}) \quad (4.29)$$

と書かれ，同様に，液相中でのAの定常状態での拡散に対して，移動距離 $z_L = z_2 - z_1$ とすれば次のように書ける．

$$N_A = \frac{D_A}{z_L}(C_{A1} - C_{A2}) \quad (4.30)$$

一方，第3章で学んだ熱伝達と類似して，物質移動は分圧差 $p_{A1} - p_{A2}$ や濃度差 $C_{A1} - C_{A2}$ を**推進力** (driving force) として起こり，流束を推進力と速度定数の積で表す見方がある．この速度定数を**物質移動係数** (mass-transfer coefficient)，k_G, k_L と呼び，次式で定義される．

$$N_A = k_G(p_{A2} - p_{A1}) = k_L(C_{A1} - C_{A2}) \quad (4.31)$$

4.2.2 二重境膜説

ガスが液に吸収されるとき，ガスは気相本体から気液の**界面** (interface) へ移動して液に溶解したのち，液相本体へと移動する．この場合，ガスの物質移動流束を表すために，気液界面の両側近傍に乱れの少ない境膜があると仮定する**二重境膜説** (double (two) film theory) が提案され，広く用いられ

ている.この説では,界面近くの境膜以外の気相,液相の本体では十分に乱れが大きいためガス濃度は一様であり,境膜では乱れが抑制されていて物質が分子拡散で移動し,気液界面ではガスの溶解が速やかに起こり常に溶解平衡が成立していると考える.これらの仮定のもとでは,境膜内での物質の拡散過程が最も遅く,吸収における物質移動の律速段階となる.

あるガス (A) が,定常状態で液へ吸収される場合の濃度分布を図 4.11 に示す.ここでは,気相のガス濃度を分圧で,液相ではモル濃度で表し,相が変わる界面で二つの濃度はヘンリーの法則に従う平衡関係にある.定常状態であるため,気相でも液相でも境膜を通しての流束は等しく,気液各相の物質移動係数 k_G, k_L を用いて,

$$N_A = k_G (p_A - p_{Ai}) = k_L (C_{Ai} - C_A) \qquad (4.32)$$

と書かれる.k_G, k_L の物質移動係数の単位はそれぞれ,$[\mathrm{mol\,m^{-2}\,s^{-1}\,Pa^{-1}}]$,$[\mathrm{m\,s^{-1}}]$ もしくは $[\mathrm{cm\,s^{-1}}]$ となり,単位面積・時間当たりに移動する物質量である流束を,対応する推進力で割った形となる.物質移動流束を表すフィックの法則と対応させると,各物質移動係数は各相での成分 A の拡散係

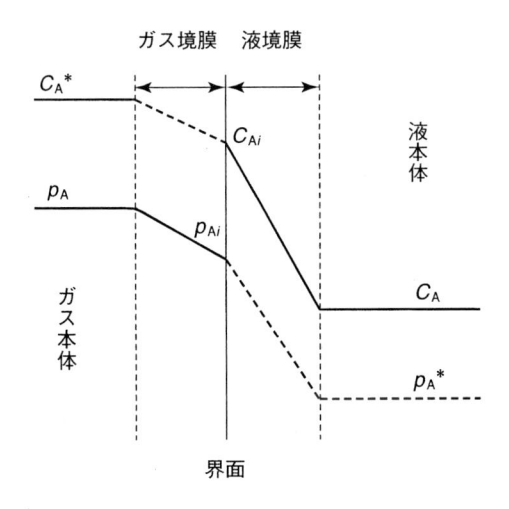

図 4.11 二重境膜説に基づく気液界面近傍の濃度分布

数 D_{AG}, D_{AL} と各相境膜厚み z_G, z_L を用いて次のように表される.

$$k_G = \frac{D_{AG}}{RTz_G} \qquad (4.33\,\text{a})$$

$$k_L = \frac{D_{AL}}{z_L} \qquad (4.33\,\text{b})$$

物質移動流束を算出するには，界面での濃度 p_{Ai} や C_{Ai} は実測が困難なため，実測が可能な本体濃度の p_A と C_A を使いたい．このためには気相，液相の二つの相を，どちらか一方の相に統一して表現すれば，目的成分の濃度分布は界面を通して連続となり，二つの相全体の濃度差に基づいた速度式を書くことができる．

$$N_A = K_G(p_A - p_A^*) = K_L(C_A^* - C_A) \qquad (4.34)$$

ここで，＊は仮想の値であることを表し，p_A^* は液本体濃度 C_A と平衡にある気体中の A の分圧であり，C_A^* は p_A と平衡にある仮想的な液本体濃度である．平衡関係がヘンリーの法則で表される場合，$p_A^* = HC_A$, $C_A^* = p_A/H$ と表される．

K_G, K_L は**総括物質移動係数** (overall mass-transfer coefficient) と呼ばれ，一例として K_G は各境膜物質移動係数を用いて以下のように表される．

$$\frac{1}{K_G} = \frac{1}{k_G} + \frac{H}{k_L} \qquad (4.35)$$

物質移動係数の逆数は物質移動抵抗と呼ばれ，(4.35) 式は気相抵抗と液相抵抗の和が総括物質移動抵抗になることを示している．このことは，3.5.1 項で学習した伝熱抵抗の考え方と同じ取り扱いであり，一連の抵抗の中で最大のものが物質移動の律速段階になる．多くのガスは液に難溶性で，ヘンリー定数 H の値が大きく，また液相中の物質の拡散係数は気相中に比べて 4 桁小さいため，ガス吸収では多くの場合，液相の物質移動抵抗が支配的になる．

4.2.3 充填塔と気液接触操作

ガス吸収装置に求められる性能は，大きい吸収速度であり，物質移動係数，推進力および気液接触面積を大きくすることで達成される．最も代表的な吸収装置は図 4.12 に示す**充填塔**（packed column）であり，内部には固体の**充填物**（packing）が詰められる．塔頂から供給される吸収液は充填物の表面を濡らして膜状になって流れ，塔底から供給されるガスが充填物のすき間を上昇する間に気液が接触する．このように，装置内部で二つの流体を対向して流す操作を**向流**（counter current, counter flow）操作，同じ方向で流すものを**並流**（cocurrent, parallel flow）操作と呼ぶ．向流操作では，並流操作に比べて装置内部での物質移動の推進力の平均値が大きいが，ガスと液を安定に流動させるための流量範囲に制限がある．一方並流ではどんな流量でも安定

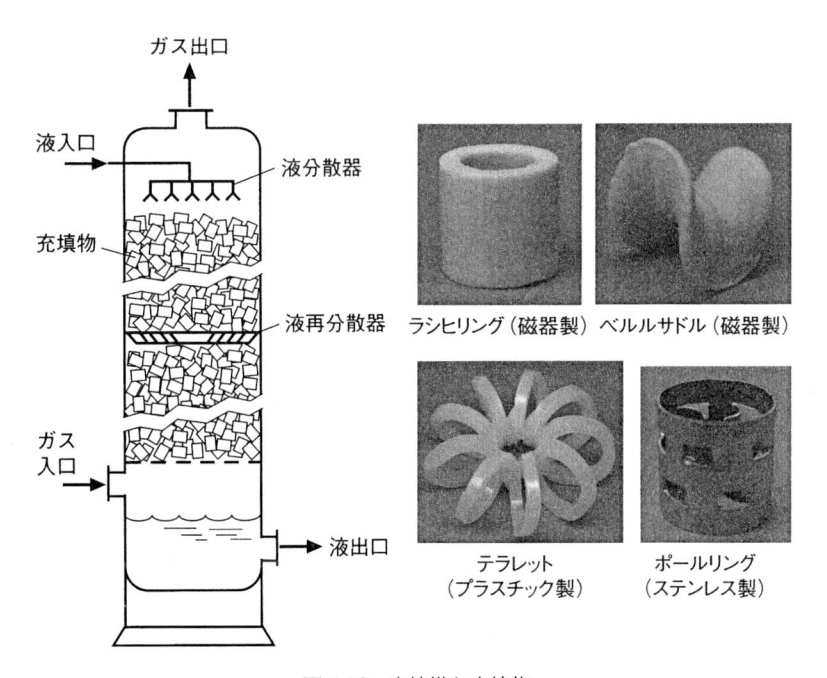

図 4.12 充填塔と充填物

に操作できるが,平均推進力は小さくなる.

4.2.4 最小液流量の設計

充填塔の設計では条件として,原料ガスの組成と流量,塔出口でのガス組成および吸収液の入口組成が与えられ,この条件を満たすために必要な吸収液量,塔高および塔径を決定することとなる.このとき,ガスと液の流量として,単位時間当たりの体積で表される体積流量を,充填物がない場合の塔の断面積で割った値である,**空塔速度**(superficial velocity)が用いられる.図 4.13 の破線の囲みで物質収支をとると,

$$Gy + L_2 x_2 = G_2 y_2 + Lx \tag{4.36}$$

塔内で吸収が進むにつれて全ガス流速 G は減少して全液流速 L はきわめてわずかであるが増加するので,この式では設計に使いにくい.吸収される成分を除いたガス,液流速として不活性成分の流速(inert 流速)を用いると,塔内で変化しないため便利である.それぞれ G_i, L_i で表せば $G = G_i/(1-y)$, $G_2 = G_i/(1-y_2)$, $L = L_i/(1-x)$, $L_2 = L_i/(1-x_2)$ となり,(4.36) 式を整理すれば,

$$G_i \left(\frac{y}{1-y} - \frac{y_2}{1-y_2} \right) = L_i \left(\frac{x}{1-x} - \frac{x_2}{1-x_2} \right) \tag{4.37}$$

これは操作線の式と呼ばれ,塔内の任意の高さでの組成 x と y の関係を与える.この式は x-y 線図上では曲線となるが,不活性成分基準の組成,X $(= x/(1-x))$, $Y(= y/(1-y))$ を用いれば次のように書かれ,X-Y 線図上で直線として表される.

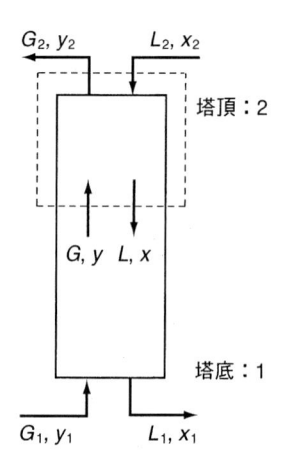

図 4.13 吸収塔における操作の概念

$$G_i(Y - Y_2) = L_i(X - X_2) \tag{4.38}$$

(4.38)式は点 (X_2, Y_2) を通り，傾き L_i/G_i の直線である．液流量が小さくなると傾きが小さくなり，やがて出口液組成 X_1 が平衡線に達する．このとき，ガス本体中の目的成分濃度と液本体濃度が平衡になり，これ以上吸収が進まなくなる．このときの液流量を最小液流量と呼び，実際の操作のためにはこれより大きい液流量が選択される．

[例題 4.5] 硫化鉱 (FeS) をばい焼して得られる，二酸化硫黄 SO_2 10 mol% を含む空気 180 Nm³ h⁻¹ を充填塔で SO_2 を全く含まない水と接触させ，供給

表 4.3 SO_2 の水に対する溶解平衡 (303 K)

$x \times 10^3$	0.141	0.228	0.422	0.562	0.843	1.40	1.96	2.80
$y \times 10^2$	0.224	0.618	1.07	1.55	2.59	4.74	6.84	10.4
$X \times 10^3$	0.141	0.218	0.422	0.562	0.843	1.40	1.96	2.81
$Y \times 10^2$	0.225	0.622	1.08	1.57	2.66	4.98	7.34	11.6

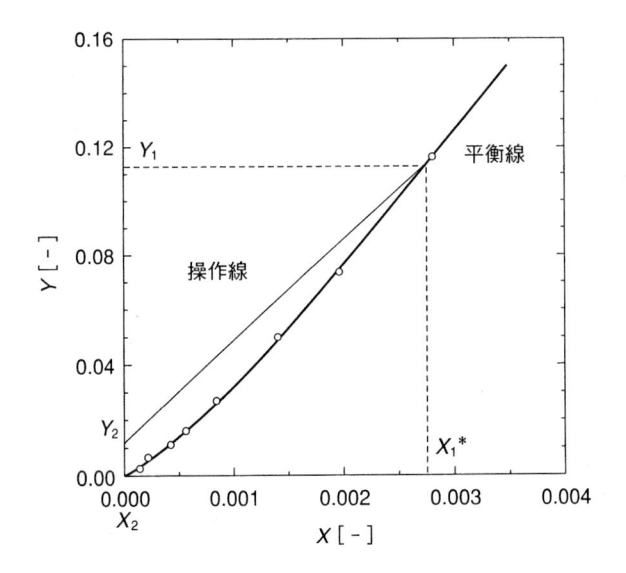

図 4.14 最小液流量の決定

ガス中の SO_2 の 90% を吸収除去したい.この場合の最小液流量はいくらか.ただし,充填塔の内径は 1.13 m で,操作温度は 303 K,圧力は 101.3 kPa,吸収される成分は SO_2 のみとする.この温度における SO_2 の水に対する溶解平衡は**表 4.3** で与えられる.

[**解**] 全ガス流量 180 $Nm^3\,h^{-1\dagger}$ をモル流量 [$mol\,s^{-1}$] に変換する.

$$\frac{(180/0.0224)(273/303)}{3600} = 2.01\ mol\,s^{-1}$$

入口ガス中に含まれる SO_2 流量は $(2.01)(0.1) = 0.201\ mol\,s^{-1}$

$$\text{不活性ガス流量}\ G_i\ \text{は}\ \frac{2.011 - 0.201}{\pi\,(1.13/2)^2} = 1.81\ mol\,m^{-2}\,s^{-1}$$

塔頂での SO_2 流量は $(0.201)(1-0.9) = 0.02\ mol\,s^{-1}$,塔頂での SO_2 濃度,y_2 は,$0.02/(1.81+0.02) = 0.011$,よって $Y_2 = 0.011/(1-0.011) = 0.011$ となる.平衡関係より,不活性ガス基準の平衡組成 X,Y を求め,**図 4.14** 中に平衡曲線を描く.塔底では $y_1 = 0.1$,$Y_1 = 0.111$ で,これと平衡にある液組成 X_1^* は 0.00264 と求まる.塔頂では $(X_2, Y_2) = (0,\ 0.011)$ で,この場合(平衡線が下に凸)の最小液流量は塔底での液組成が平衡になるようにとるため,操作線は (X_1^*, Y_1) を通る.(4.38) 式により操作線の傾きが L_i/G_i となるので,

$$\frac{L_i}{1.81} = \left(\frac{0.111 - 0.0185}{0.00264 - 0}\right) = 35.0$$

$$L_i = 68.4\ mol\,m^{-2}\,s^{-1}$$

最小液流量は $L_i(18.0)(3600)(\pi)(1.13/2)^2/10^3 = 4440\ kg\,h^{-1}$ となる.■

4.2.5 充填高さの設計

充填高さの決定では,気相における吸収成分の収支を考える.簡単化のために,吸収される成分が希薄で,吸収に伴うガス,液の流量変化が無視できると仮定する.これにより,塔内でのガス,液の流速を入口の G,L の値で近

---

† Nm^3 はノルマル立米(リューベ)と呼ばれ,標準状態での体積 [m^3] を表す.

4.2 ガス吸収

似できる．図 4.15 に示すように，吸収塔の微小高さ dz を気液が通る間，各相の組成が dx, dy だけ変化する場合，次式が成り立つ．

$$SG(y+dy) = SGy + N_A a S dz \tag{4.39}$$

S は塔断面積 [m^2]，a は塔の単位体積あたりの気液界面積 [m^2 m^{-3}]，N_A はガス吸収速度 [mol m^{-2}-気液界面積 s^{-1}] である．吸収速度は以下の四つの形の推進力と，対応する物質移動係数の組み合わせで表される．

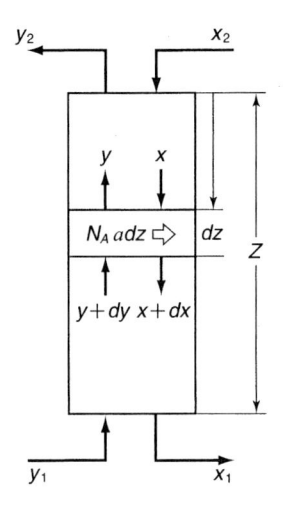

図 4.15 吸収速度の概念図

$$N_A = k_y(y - y_i) \tag{4.40}$$
$$= k_x(x_i - x) \tag{4.41}$$
$$= K_y(y - y^*) \tag{4.42}$$
$$= K_x(x^* - x) \tag{4.43}$$

一例として，(4.39) 式に (4.42) 式を代入すれば，

$$G dy = K_y a (y - y^*) dz \tag{4.44}$$

となり，充填高さ Z を表す式は，塔頂から塔底の間 ($z = 0 \sim Z$)，$y = y_2 \sim y_1$ でこの式を積分して得られる．

$$Z = \frac{G}{K_y a} \int_{y_2}^{y_1} \frac{dy}{y - y^*} \tag{4.45}$$

(4.45) 式中の積分項は**移動単位数** (NTU：number of transfer unit) と呼ばれ，この値が大きいほど分離が困難で，必要な充填高さも増大する．この移動単位数には，(4.40) ～ (4.43) 式に対応して四つの形の表現がある．

$$N_\mathrm{G} = \int_{y_2}^{y_1} \frac{dy}{y - y_\mathrm{i}}, \ \ N_\mathrm{L} = \int_{x_2}^{x_1} \frac{dx}{x_\mathrm{i} - x}, \ \ N_\mathrm{OG} = \int_{y_2}^{y_1} \frac{dy}{y - y^*},$$

$$N_\mathrm{OL} = \int_{x_2}^{x_1} \frac{dx}{x^* - x} \tag{4.46}$$

(4.45) 式中の $(G/K_y a)$ の項は,移動単位数が1の場合の充填高さに相当し,**移動単位高さ**(HTU:height per transfer unit)と呼ばれ,推進力の表現に応じて四つの形で表される.

$$H_\mathrm{G} = \frac{G}{k_y a}, \ \ H_\mathrm{L} = \frac{L}{k_x a}, \ \ H_\mathrm{OG} = \frac{G}{K_y a}, \ \ H_\mathrm{OL} = \frac{L}{K_x a} \tag{4.47}$$

HTU が小さいほど充填高さを小さくでき,充填物の性能は優れている.これらの HTU の間には物質移動抵抗の加成性から,次の関係がある.

$$H_\mathrm{OG} = H_\mathrm{G} + \left(\frac{mG}{L}\right) H_\mathrm{L}, \ \ H_\mathrm{OL} = H_\mathrm{L} + \left(\frac{L}{mG}\right) H_\mathrm{G} \tag{4.48}$$

ここで,m は (4.27 b) 式で示されるヘンリー定数である.

移動単位数を求めるには図 4.16 に示す x-y 線図を用いる.(4.46) 式の

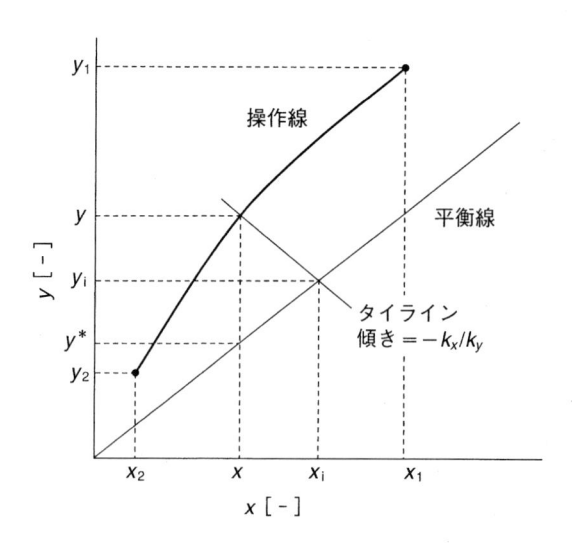

図 4.16 充填塔の操作線と平衡線

いずれを求めてもよいが，N_{OG} を例にとれば，図のように y-y^* を読み取り y_1 から y_2 の間で**図 4.17** に示すように図積分を行う．N_G, N_L を求める場合，界面での組成 x_i, y_i が必要となるが，操作線上の点 (x, y) から傾き $-k_x/k_y$ の直線（タイライン）を引き，平衡線の交点からこれらの組成を求める．平衡線と操作線が直線と見なせる場合については，(4.46) 式の積分は解析的に行われ，移動単位数の例として N_{OG} は

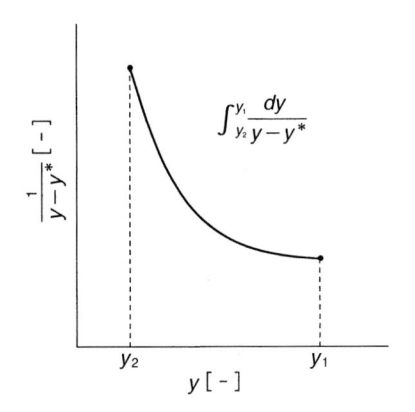

図 4.17 N_{OG} の図積分

$$N_{OG} = \frac{y_1 - y_2}{(y - y^*)_{lm}} \tag{4.49}$$

で求められる．ここで，$(y - y^*)_{lm}$ は，

$$(y - y^*)_{lm} = \frac{(y_1 - y_1^*) - (y_2 - y_2^*)}{\ln\{(y_1 - y_1^*)/(y_2 - y_2^*)\}} \tag{4.50}$$

で与えられる．塔内での推進力の対数平均である．

NTU と HTU が求まれば，(4.45) 式で示されるように，充填高さ Z はこれらの積で求められる．

塔径については許容ガス速度を用いて決定される．塔内でガスと液を向流で接触する場合，ガス流量が大きくなると液が流下しなくなる．この状態を**フラッディング** (flooding) と呼び，このときのガス速度の半分を許容ガス速度とする．設計条件として与えられる体積流量を許容ガス速度で割ることで塔の断面積が得られ，これより塔径が定まる．詳細は参考書を参照されたい．

4.3 沪過

固体と液体の混合物を多孔質の層(沪紙,沪布,膜もしくは粒子層)に通すことで,孔の大きさによって,小さい粒子を通し大きい粒子を阻止する操作を**沪過** (filtration) と呼ぶ.沪過は前節で述べた蒸留やガス吸収のように,異なる相間での平衡の差による分離ではなく,物質が障壁を移動する速度差に基づいた分離である点が特徴である.

沪過では**スラリー** (slurry) と呼ばれる固体粒子の懸濁液を原料として,液中に懸濁している無機粒子や微生物,タンパク質などの固体が分離される.目的とする製品は固体もしくは清澄な液体である.粒子 1 vol% 以上の濃度のスラリーを,沪布などの沪材を用いて沪過すると,沪材表面に粒子の堆積層(沪過ケーク)が形成されて徐々に厚くなり,この**ケーク** (cake) 自身が障壁となってその後の沪過が進行する.ケークの成長とともに沪過速度が著しく低下するため,原料を沪材表面と平行に流通して,ケークを掃流して成長を阻止する,**クロスフロー沪過** (cross flow filtration) も行われる.

4.3.1 沪過速度と平均沪過比抵抗

沪過操作の設計には,生成するケークの特性を把握することが必要である.ケークを通して流れる沪液流れに対して,沪液の流出速度(沪過速度)を q [m s^{-1}] で表せば,

$$q = \frac{1}{A}\frac{dV}{dt} = \frac{p}{\mu(R_c + R_m)} \quad (4.51)$$

となる.ここで A は沪過面積 [m^2],V は時間 t までに流出した液量 [m^3] である.q は沪過圧力 p [Pa] に比例し,抵抗の和に反比例する.R_c および R_m はそれぞれ単位沪過面積当たりのケークと沪材を流れる沪液の流動抵抗 [m^{-1}] で,μ は沪液粘度 [Pa s] である.**図 4.18** は沪過ケークの概念と液圧分布を示す.q をケーク層にかかる圧力で書けば,

4.3 沪過

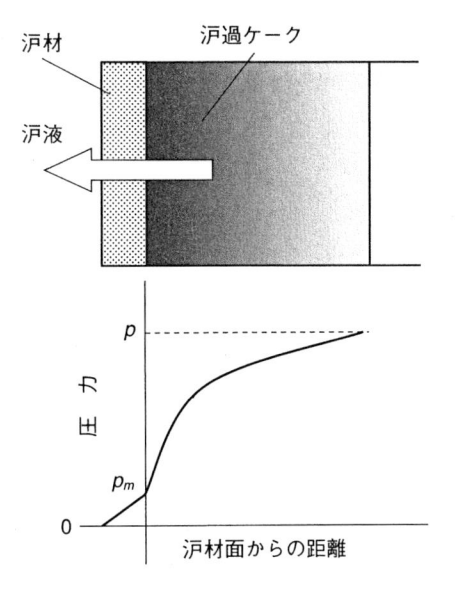

図4.18 沪過ケークの概念と液圧分布

$$q = \frac{p - p_m}{\mu R_c} \quad (4.52)$$

となる．p_m は沪材面上の液圧 [Pa] である．時間経過とともにケークが成長するため，ケーク内流動抵抗 R_c [m^{-1}] をケークの固体質量 W_c [kg] に比例するものと定義する．

$$R_c = \alpha \frac{W_c}{A} \quad (4.53)$$

α は平均沪過比抵抗と呼ばれ，(4.53) 式を (4.51) 式に代入すると次式を得る．

$$q = \frac{Ap}{\mu (\alpha W_c + A R_m)} \quad (4.54)$$

平均沪過比抵抗は，ケークの特性として沪過の難易を表す指標となる．

4.3.2 定圧沪過

一定の操作圧力で沪過を行う場合，沪材抵抗 R_m を，それと同じ抵抗をもつ仮想的なケーク（固体質量 W_m [kg]）を考えれば統一的に扱うことができる．$R_m = \alpha W_m / A$ とすれば，(4.54) 式は

$$q = \frac{Ap}{\mu\alpha(W_c + W_m)} \qquad (4.55)$$

となる．ここで，ケークの固体質量 W_c と沪液量 V との関係を考える．濃度 s [kg-固体 kg-スラリー$^{-1}$] のスラリー B [kg] を沪過して，沪液量 V [m^3] と固体（乾燥固体）質量 W_c [kg] のケークを得たとする．m をケークの湿乾質量比 [kg-湿りケーク kg-乾燥ケーク（固体）$^{-1}$]，沪液密度 ρ [kg m^{-3}] とすれば，沪液量は $\rho V = B - Bsm$，$W_c = Bs$ であるので

$$W_c = \frac{\rho s}{1 - ms} V \qquad (4.56)$$

となる．W_m についても同様に扱い，(4.55) 式に代入すると次式が得られる．

$$q = \frac{1}{A}\frac{dV}{dt} = \frac{A(1-ms)p}{\mu\rho s\alpha(V + V_m)} \qquad (4.57)$$

定圧沪過では，α および m は沪過期間中一定と見なせるため，V は (4.57) 式を積分して次式で与えられる．

$$\left(\frac{V}{A} + \frac{V_m}{A}\right)^2 = K(t + t_m) \qquad (4.58)$$

$$K = \frac{2p(1-ms)}{\mu\rho s\alpha} \qquad (4.59)$$

ここで，K [m^2 s^{-1}] はルース (Ruth) の沪過係数と呼ばれ，この係数が大きいほど沪過が困難である．t_m [s] は仮想沪液量 V_m [m^3] を得るのに必要な仮想沪過時間で $t_m = V_m^2/(A^2 K)$ となる．(4.57) 式は

$$\frac{dt}{dV} = \frac{\mu \rho s \alpha}{A^2 p (1-ms)}(V+V_m) = \frac{2}{KA^2}(V+V_m) \quad (4.60)$$

となり，dt/dV 対 V のプロットをすると直線関係が得られ，傾きから K が求まる．また，(4.60) 式より α が求められる．

[例題 4.6] 固体濃度 10 wt% のスラリーを 500 kPa の定圧で，沪過面積 300 cm² の沪過器を用いて沪過して次の表の結果を得た．沪過終了後に取り出したケーク単位体積当たりの固体質量は 1.2 g cm^{-3} で，ケークの湿乾質量比は 1.5 であり，沪液は 293 K の水であった．平均沪過比抵抗と沪過終了時のケーク厚みを求めよ．

沪液 [kg]	0.5	1.0	2.0	3.0	4.0	5.0	5.5
時間 [s]	19.9	54.6	175.6	392.2	633.2	952.8	1125.9

[解] 題意より $A = 3.0 \times 10^{-2}$ m², $s = 0.1$, $m = 1.5$, $\rho = 998$ kg m^{-3}, $\mu = 1.00 \times 10^{-3}$ Pa s, $p = 5 \times 10^5$ Pa

V [10^{-3} m³]	0.5	1.0	2.0	3.0	4.0	5.0	5.5
t/V [10^{-4} s m^{-3}]	3.97	5.44	8.76	13.04	15.80	19.01	20.43

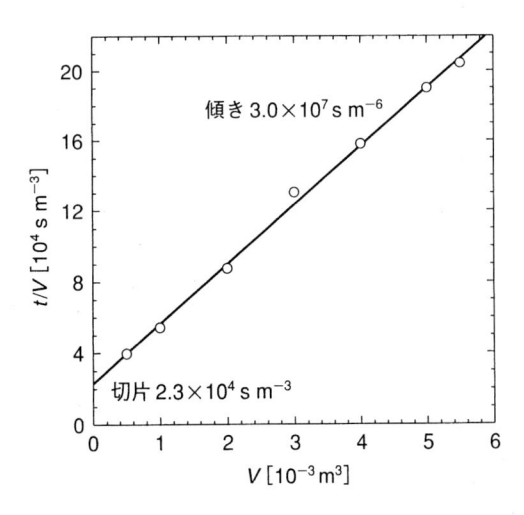

図 4.19 dt/dV 対 V のプロット

図4.19に dt/dV 対 V のプロットを示す．これより，傾きは $3.0 \times 10^7 \, \mathrm{s \, m^{-6}} = 2/(KA^2)$．(4.60) 式より $\alpha = \{(\text{傾き})A^2 p(1-ms)\}/(\mu\rho s)$

$$\alpha = \frac{(3 \times 10^7)(9 \times 10^{-4})(5 \times 10^5)\{1-(1.5)(0.1)\}}{(1 \times 10^{-3})(998)(0.1)} = 1.15 \times 10^{11} \, \mathrm{m \, kg^{-1}}$$

ケーク厚みを L [m]，ケークの固体質量 W [kg]，ケーク体積 V_c [m³] とすると，題意より $W/V_c = W/(AL) = 1200 \, \mathrm{kg \, m^{-3}}$

$$L = \frac{W}{1200A} = \frac{V\rho s}{1200A(1-ms)} = \frac{(5.5 \times 10^{-3})(998)(0.1)}{(1200)(3 \times 10^{-2})(0.85)} = 0.018 \, \mathrm{m} \quad \blacksquare$$

4.4 膜分離

混合物から特定の成分を選択的に通す薄いバリアー，障壁が**膜** (membrane) であり，生体内では血液中の老廃物を体外に出す腎臓や，細胞内への物質の取り込みと排出に細胞膜が重要なはたらきを担っている．近年の材料・製造技術の急速な進歩により，細孔構造や目的物質と膜の構成物質との親和性を制御して，細菌やコロイド状物質から，低分子量の有機物，イオン，気体に至るまで分離対象が広がっている．多くの場合，圧力差や濃度

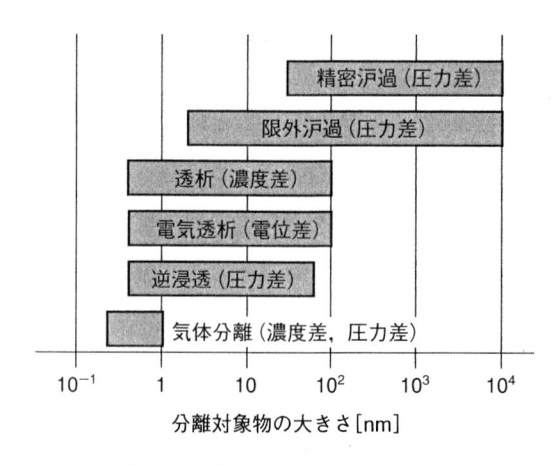

図 4.20　各種の膜分離法と推進力

差,電位差が物質移動の推進力であり,物質の相変化を伴わないため,分離所要エネルギーが小さい.

図 4.20 に,種々の膜分離法と,それらの対象物質の大きさを推進力とともに示す.**精密沪過**(micro filtration)と**限外沪過**(ultra filtration)では,微細な細孔をもつ膜を用いて膜の細孔径より大きい物質は阻止し,小さい物質を透過させる,ふるい効果を分離機構とする.対象物質は主に微小粒子,菌体,コロイド高分子であり,分子量で表せば $10^3 \sim 10^6$ のものを阻止する.

逆浸透法(reverse osmosis)は海水淡水化に用いられ,水以外の分子とイオンを阻止して溶媒である水を透過させる.このとき水は細孔ではなく,膜を構成する物質の分子間の自由体積を透過する.

膜の種類は大別して,多数の貫通孔をもつ**多孔質膜**(porous membrane)と,孔のない**非多孔質膜**(nonporous membrane)に分けられる.ふるい効果をもつ多孔質膜は用途に応じて数 nm から 10 μm 程度の細孔を有している.非多孔質膜では,目的物質が膜を構成する分子の熱ゆらぎにより生じた分子間隙に溶解して拡散しながら透過する**溶解拡散機構**(solution diffusion mechanism)により分離がなされる.このため,物質の大きさのみでなく物質と膜との相互作用の大きさにより分離度が変化する.このような機構は**透析**(dialysis)やガス分離でみられる.**電気透析**(electrodialysis)では**イオン交換膜**(ion exchange membrane)が用いられる.膜内に正または負の固定電荷をもち,膜外からは逆符号の電荷をもつ溶質が取り込まれ,同符号の溶質は静電的反発により排除される.この効果をドナン(Donnan)排除と呼ぶ.

4.4.1 膜の構造と膜モジュール

一般的に分離操作では,処理速度,選択性および操作の安定性が高いことが望まれる.したがって,膜の構造として厚みが小さく,孔径が制御され,機械的強度が大きいものが優れている.そこで,分離活性をもつ超薄層と孔

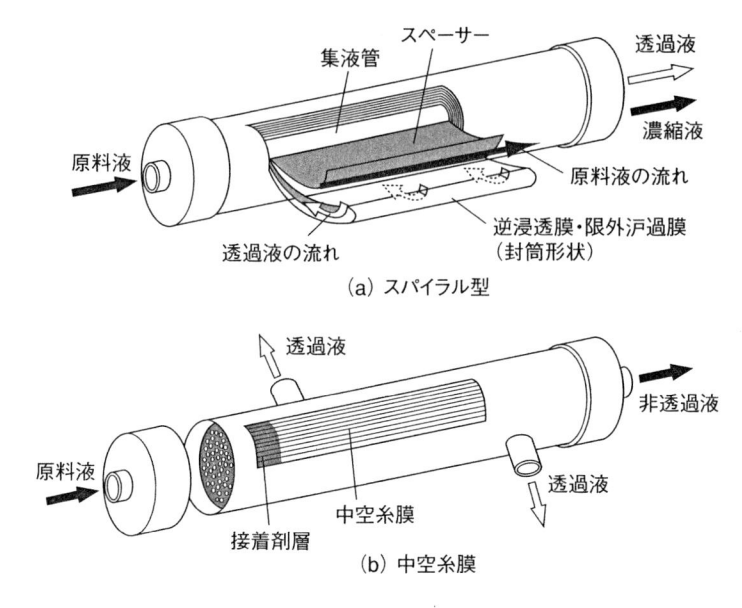

図4.21 分離膜モジュールの概略図

径の大きい支持層の2層構造とする方策がとられる．膜の製造法を工夫することにより，同じ材料で2層を形成させたり，異種材料の複合化が行われる．このような膜では表面と裏面で構造が異なるため，**非対称構造**(asymmetric structure)と呼ばれる．

　膜の形状には平板のほかに管や**中空糸**(hollow fiber)がある．装置には，単位体積当たりの膜面積が大きいことが望まれるため，平板膜では膜と膜の間に流体の流路を確保するとともに物質移動を促進するためのスペーサーを入れて積層したものや，管状膜や中空糸膜では多くの本数の膜を充填したユニットが用いられる．これらは**モジュール**(module)と呼ばれる．**図4.21**にスパイラル型モジュールと中空糸膜モジュールを示す．限外沪過や逆浸透では膜表面に形成されるゲル層の形成による抵抗の増大を抑えるため，供給液を膜面に沿って流すクロスフロー式として，高い液流速で操作される．

4.4 膜 分 離

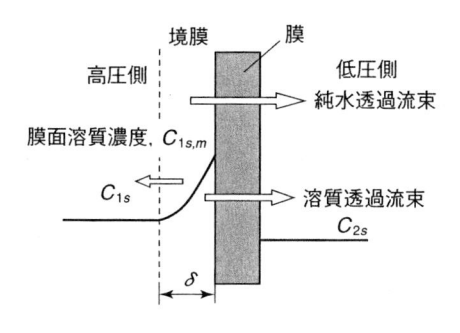

```
         境膜  膜
高圧側  │   │    低圧側
        │   │██│ ⇒  純水透過流束
膜面溶質濃度, C_{1s,m}
        │   │██│
   ⇐   C_{1s}
        │   │██│ ⇒  溶質透過流束
                        C_{2s}
           │←δ→│
```

図 4.22 濃度分極の概念

4.4.2 限外沪過,逆浸透

これらの操作では,圧力差を駆動力として膜により特定の溶質の透過を阻止するため,図 4.22 に示すように,溶質が膜面近傍で蓄積し,ここでの溶質濃度が供給液本体中より高くなる,**濃度分極**(concentration polarization)と呼ばれる現象が生じる.限外沪過では高分子溶質が分離対象となる場合が多く,分離の進行とともに濃度分極が大きくなり,膜面溶質濃度がゲル化濃度に達すると,透過抵抗の大きいゲル層が膜面に形成される.このときには,圧力を増加させても透過流束が増大せず一定となり,限界流束に達してしまう.さらに圧力を増加させてもゲル層厚みが大きくなるため,実用上は限界流束を大きくする種々の工夫がなされる.

4.4.3 透 析

透析は膜の両側での濃度差を推進力として溶質が移動する現象である.実験室では,タンパク質などの水溶液から小分子や塩類を除去するためにセロファン膜が用いられ,医療用としては,血液透析膜により血液から尿素,尿酸,クレアチニンを除く**人工腎臓**(artificial kidney)が広く用いられている.

図 4.23 には透析膜近傍の定常状態での溶質濃度分布を示す.膜を透過する溶質の透過流束 N_A [mol m^{-2} s^{-1}] は,膜透過の物質移動抵抗に加えて,血

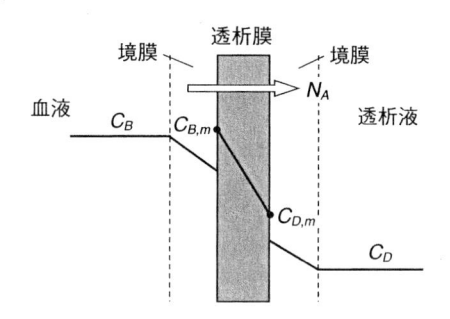

図 4.23 透析膜近傍の濃度分布

液側と透析液側の液境膜の物質移動抵抗を考慮した，総括物質移動係数 K [m s^{-1}] と膜両側の液本体中の濃度差の積で表される．

$$N_A = K(C_B - C_D) \tag{4.61}$$

膜面では膜内溶質濃度と液中濃度の間に溶解平衡が成立しており，溶質は膜内を拡散により移動する．

4.4.4 電気透析

　塩の濃縮や脱塩を目的に，**陽イオン交換膜**（cation exchange membrane）と**陰イオン交換膜**（anion exchange membrane）を一対として用い，両端の液に電場を加えて電位差によってこれらの膜に溶質を透過させる．陽イオン交換膜には，イオン交換基としてスルホン酸基やカルボン酸基が固定され，電場により陽イオンが水和した水分子を伴って陰極側に移動する．陰イオン交換膜では四級アンモニウムイオン基やピリジニウムイオン基が固定され，陰イオンが選択的に透過する．**図 4.24** に電気透析モジュールを用いた脱塩・塩濃縮操作の概略図を示す．食品工業ではオレンジジュースの酸味の調節や減塩しょうゆの製造に電気透析が用いられている．

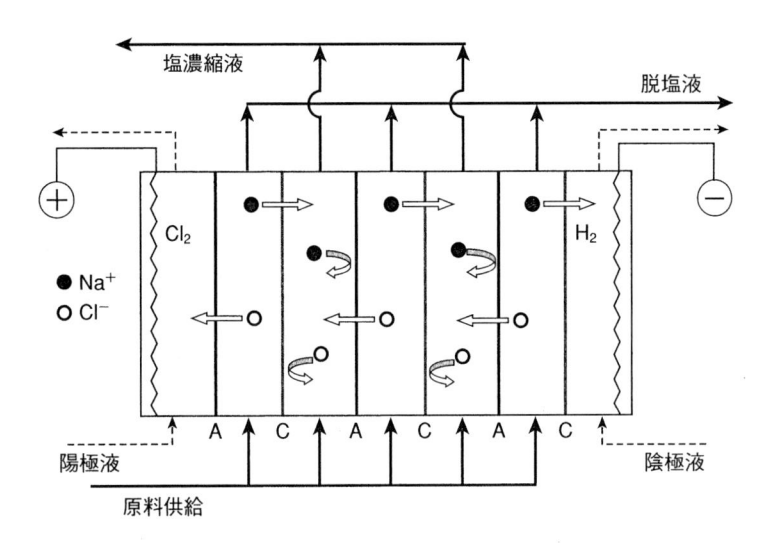

図4.24 電気透析モジュールの概念

4.4.5 ガス分離

空気からの酸素/窒素分離や，アンモニア製造工程での水素の回収などに関する研究が進められている．ガス分離には径が1〜5 nmの細孔をもつ多孔質膜と，明確な細孔のない非多孔質膜が用いられる．多孔質膜では気体分子は，他の分子との衝突よりも壁との衝突が支配的なクヌッセン（Knudsen）拡散により透過する．このクヌッセン拡散係数は，気体の分子量の平方根に反比例するので，分子量の差による分離は可能であるが選択性は低い．一方，非多孔質膜では物質の透過が溶解拡散機構に基づくため，選択性は膜への気体の溶解度と拡散係数の積である透過係数によって決まり，気体分子の大きさのみに依存しない．分離対象の気体に応じて適切な膜材料を用いることで，大きな選択性を得ることができるが，高い選択性と高い透過速度を同時に得ることは難しい．

分離にはエネルギーがかかる

　蒸留は産業で最も広く使われる分離技術であり，物質の高純度化には不可欠である．ところが，エネルギー消費という点でみると，その量は非常に大きい．アメリカ合衆国では約4万本の大型塔が稼動して，国の全エネルギーの約5％を消費している．そもそも，液体を加熱して蒸発させて得られた蒸気を冷却凝縮して，さらに還流を行い塔内で液を循環させているのだから，液が流れるだけ蒸発潜熱分のエネルギー供給が必要なのである．また，液体混合物の中で水溶液は水素結合の作用により水の蒸発潜熱が大きいために，多量のエネルギーがかかる．

　しかし，蒸留でなければ高純度化という要求に応えられないことも多い．産業で欠かせない，超高純度の窒素ガス（99.9999％）は，空気を液化して百以上の段数で分離されている．また，半導体の基板として用いられるシリコンという金属に含まれる不純物を除き，その純度を99.99999999％にまで高めるためには，固体原料を融解して液体にしてから蒸留しなければならない．そのための段数は数百段に達するが，現在のところ蒸留でなければこの目標を達成できない．

　現在注目されているバイオエタノールの生産でも，99.5 vol%への高純度化には共沸蒸留が用いられ，原料製造とほぼ同じくらいの分離コストがかかるために，省エネルギーな分離技術の開発を求めて，研究が盛んに行われている．膜分離では物質の相変化がないために，蒸留に比べれば分離に要するエネルギーが小さい．エタノールもしくは水を選択的に透過させる優れた膜があれば，運転エネルギーの低減が期待できる．しかし，スケールアップや膜モジュールの製造と廃棄など，プロセス全体でのエネルギー消費を考える必要がある．

　分離エネルギーの低減は自動車や航空機の燃費と同様に，わずかな値であっても産業に与える影響は非常に大きい．柔軟な発想と，全体を見通すプロセスの目をもって問題にチャレンジしよう．

演習問題

[1] メタノール-水の 2 成分混合物を理想溶液と仮定して，101.3 kPa で平衡にある液相組成がメタノール 30 mol%，水 70 mol% のときの蒸気中のメタノール組成を求めよ．

[2] ベンゼン-トルエンの 2 成分混合物は理想溶液と仮定でき，相対揮発度を 2.26 とする．ベンゼンを 50 mol% 含む混合物を，流量 1 kmol h^{-1} で，101.3 kPa のもとでフラッシュ蒸留して，留出液量に対する缶出液量の比を 2 で操作するとき，以下の問いに答えよ．
(1) 気液平衡線を与える式を求めよ．
(2) 留出液と缶出液の組成を求めよ．

[3] エタノール 50 wt%，水 50 wt% の混合液を，流量 700 kg h^{-1} で連続的に精留塔に供給して分離し，エタノール 95 wt% の留出液と，エタノール 3 wt% の缶出液を得たい．このとき，留出液と缶出液の流量を求めよ．

[4] 流量が 100 kmol h^{-1} で，ベンゼン 40 mol%，トルエン 60 mol% からなる混合物を 101.3 kPa のもとで蒸留塔を用いて分離し，塔頂からベンゼンを 95 mol%，塔底からトルエンを 95 mol% の濃度で取り出したい．混合物の供給における熱的条件は $q = 0.5$ である．このときの最小還流比および，還流比 2.5 で運転する場合の所要理論段数を求めよ．気液平衡関係は表 4.2 に示されている．

[5] 298 K，101.3 kPa のもとで，酸素を 20 vol% 含む空気が水と接して平衡になっているとき，水中での酸素濃度は 2.5×10^{-4} kmol m^{-3} であった．このとき，水の密度を 997 kg m^{-3} として，酸素の水への溶解に対するヘンリー定数 H，m，K の値を求めよ．

[6] 内径 1 m の充塡塔を用いて向流操作により，20 mol% の NH_3 を含む空気 942 kg h^{-1} を 589 kg h^{-1} の水と接触させて空気中の NH_3 を除去したところ，塔出口の空気は NH_3 濃度が 1 mol% となった．このとき，以下の問いに答えよ．
(1) 液・ガスのそれぞれの入口流量を空塔速度 [kmol m^{-2} h^{-1}] に変換せよ．
ここで，空気のモル質量を 28.8 g mol^{-1} とする．
(2) 塔出口での水中の NH_3 濃度 [モル分率] を求めよ．また，この操作での

NH$_3$ の回収率を求めよ.

[7] 水に可溶な,あるガス成分を 3 mol% 含む窒素ガスを,水と接触させてこの成分を除去したい.この成分の 303 K での水への溶解平衡は,$y = 0.4\,x$ で表される.混合ガスを,内径 0.3 m の充填塔の底部に毎時 200 m^3 の流量で供給し,上部より 303 K の水を用いて洗浄して,塔出口にてガス成分の組成を 0.2 mol% としたい.操作は大気圧下で行い,水の流量は最小液流量の 2 倍とする.この条件では目的成分の濃度が十分小さいため,$G = G_i$,$L = L_i$,$x = X$,$y = Y$ と扱う簡略化ができる.以下の問いに答えよ.

(1) ガスの空塔速度 [kmol m^{-2} h^{-1}] を求めよ.
(2) 液流量 [kmol m^{-2} h^{-1}] を求めよ.(このとき,最小液流量は x-y 図から定めることができ,x-y 図上で平衡線と操作線は直線となる.)
(3) 移動単位数を求めよ.

参 考 書

1) 化学工学会編:『化学工学 －解説と演習－』第 3 版,槇書店 (2006).
2) R. Treybal:『Mass-transfer Operations』3rd ed., McGraw-Hill (1981).

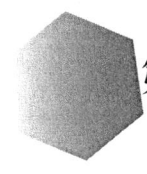

第5章 反応工学

　反応工学 (chemical reaction engineering) は，化学反応の進行に影響を与える物理的因子を解析し，反応系の設計や操作の最適化を行うことを大きな目的とする．本章では，反応工学の基礎として，反応速度に及ぼす物質移動の影響と，理想的な等温条件下における典型的な反応器の設計式について，これらを理解し応用することを学ぶ．非理想流れや非等温操作など非定常の取り扱いや，より高度な内容については，章末に紹介した反応工学に関する専門的な教科書を参照されたい．

使用記号

a_m：比表面積 [m² kg^{-1}]
C_j：濃度 [mol m^{-3}]
D：希釈率（空間速度），v_o/V [s^{-1}]
$D_{e,A}$：有効拡散係数 [m₂ s^{-1}]
E：活性化エネルギー [J mol^{-1}]
E_f：触媒有効係数 [−]
F_j：j成分のモル流量 [mol s^{-1}]
K：平衡定数 [−]
K_d：飽和定数 [mol m^{-3}]
K_m：ミカエリス定数 [mol m^{-3}]
k：反応速度定数 [(m³ mol^{-1})$^{n-1}$ s^{-1}]
$k_{c,A}$：境膜物質移動係数 [m s^{-1}]
k_0：頻度因子

m_j：j成分のモル数 [mol]
N_A：物質移動速度 [mol kg^{-1} s^{-1}]
n：反応次数 [−]
p_j：j成分の分圧 [Pa]
R_g：気体定数 [J mol^{-1} K^{-1}]
r_j：j成分の反応速度 [mol m^{-3} s^{-1}]
S：選択率 [−]
S_p：触媒粒子外表面積 [m²]
T：温度 [K]
t：反応時間 [s]
TF：ターンオーバー頻度 [mol mol-cat^{-1} s^{-1}]
V：反応器体積 [m³]
V_p：触媒粒子体積 [m³]
v_o：入り口流量 [m³ s^{-1}]
W：触媒量 [kg]

X_A：反応率または転化率 [−]
$y_{A,o}$：A成分の原料モル分率 [−]
δ_A：量論係数の比 [−]
ε_A：体積増加率 [−]
ν_j：j成分の量論係数 [−]
ρ_p：粒子密度 [kg m^{-3}]
τ：空間時間，V/v_o [s]

添字
A,B,I,R,S：各成分
b：流体本体
i,j：成分
obs：実測値
p：触媒粒子基準
s：外表面
0：初期値

第5章 反応工学

5.1 化学反応の量論と平衡

化学反応の理解と工学的応用には,熱力学と速度論の両輪が不可欠である.熱力学は,反応経路の如何にかかわらず,反応の収束先を指し示す.速度論は熱力学の制約の下で,反応の機構や経路によってその所要時間がどのように変化するかを解析する.

化学反応は原料と生成物の量的関係を**量論式**(化学反応式)で表現する.単純反応の場合は次式のように一つの量論式で表される.

$$\nu_A A + \nu_B B = \nu_R R + \nu_S S \tag{5.1}$$

ここで,左辺のAとBは反応物(原料),右辺のRとSは生成物であり,ν_iは成分iの量論係数である.

複数の量論式で構成される反応は,複合反応と呼ばれ,代表的なものとして,次に示すような**逐次反応**(consecutive reaction)および**並発反応**(parallel reaction)がある.

$$\text{逐次反応;} \quad \nu_A A \rightarrow \nu_R R \rightarrow \nu_S S \tag{5.2}$$

$$\text{並発反応;} \quad \nu_{A1} A \rightarrow \nu_R R, \quad \nu_{A2} A \rightarrow \nu_S S \tag{5.3}$$

単純反応であっても,反応機構は複雑である場合が多く,いくつかの反応過程に分割される.これ以上分割できない反応の構成要素を素反応という.

(5.1)式において,平衡が成立している場合,各成分の活量a_iと平衡定数Kの間には,

$$K = \frac{a_R^{\nu_R} a_S^{\nu_S}}{a_A^{\nu_A} a_B^{\nu_B}} \tag{5.4}$$

なる関係があり,成分がすべて理想気体と見なせる場合は,各成分の分圧p_iを用いて次式のように表す.ただし,Kの添字pは圧力基準を表す.

$$K_p = \frac{p_R^{\nu_R} p_S^{\nu_S}}{p_A^{\nu_A} p_B^{\nu_B}} \tag{5.5}$$

溶液においては,濃度基準の平衡定数K_cが濃度C_iを用いて次のように定義

される.

$$K_c = \frac{C_R{}^{\nu_R} C_S{}^{\nu_S}}{C_A{}^{\nu_A} C_B{}^{\nu_B}} \tag{5.6}$$

ギブズ(Gibbs)の標準反応自由エネルギー $\varDelta G^0$ と平衡定数の間には,気体定数 R_g と絶対温度 T を介して,次の関係がある.

$$-\varDelta G^0 = R_g T \ln K \tag{5.7}$$

ギブズの標準反応自由エネルギーは,反応物および生成物の全化学種の標準自由エネルギーの代数和であり,定温・定圧のもとで自然変化が起こるためには,ギブズの自由エネルギー変化は必ず負となる.

5.2 化学反応の速度

5.2.1 化学量論と速度

化学反応の速度(rate of reaction) r_j は,基準として反応混合物の単位体積 (V) をとり,単位時間に生成する成分 j の物質量として次式のように定義する.

$$r_j = \frac{dm_j/dt}{V} \quad [\text{mol m}^{-3}\text{s}^{-1}] \tag{5.8}$$

反応速度を濃度の時間微分で表す場合があるが,これは反応中に体積の変化がない(定容)場合に限るので注意が必要である.反応系が不均一の場合,解析や設計が容易なように基準を選定する.たとえば,固体触媒を用いる場合には,(5.9)式のように触媒質量当たりの反応速度 $r_{j,W}$(触媒質量当たりを示すため添字 W を使用)を使用し,触媒が反応液に溶解し分子として機能する場合は,触媒単位物質量当たりの反応速度として (5.10) 式の**ターンオーバー頻度**(TF ; turnover frequency)を使用する.

$$r_{j,W} = \frac{dm_j/dt}{W} \quad [\text{mol kg-cat}^{-1}\,\text{s}^{-1}] \tag{5.9}$$

$$TF = \frac{dm_j/dt}{m_{\text{cat}}} \quad [\text{mol mol-cat}^{-1}\,\text{s}^{-1}] \tag{5.10}$$

式中の添え字 cat は catalyst の略で,「触媒」を表す.

(5.1) 式の反応の場合,各成分の反応速度には次式の関係がある.原料であるA,Bは時間と共に減少するため,マイナス符号をつけて正の値とする.

$$r = \frac{(-r_A)}{\nu_A} = \frac{(-r_B)}{\nu_B} = \frac{r_R}{\nu_R} = \frac{r_S}{\nu_S} \tag{5.11}$$

rは量論式に対する反応速度である.(5.11)式は,単純反応の場合,ある成分についての反応速度がわかれば,他の成分は量論係数から求められることを示す.複合反応では,各成分の反応速度は代数的関係となる.

[例題5.1] (5.12),(5.13) 式のような複合反応があり,各々の量論式に対する反応速度がr_1とr_2である.各成分の反応速度はどのようになるか.

$$a_1A + b_1B \longrightarrow q_1Q \quad : r_1 \tag{5.12}$$

$$a_2A + q_2Q \longrightarrow s_1S \quad : r_2 \tag{5.13}$$

[解]
(5.11) 式より,$r_A = -a_1r_1 - a_2r_2$, $r_B = -b_1r_1$,
$r_Q = q_1r_1 - q_2r_2$, $r_S = s_1r_2$

5.2.2 反応速度式の構成

1) 均一系の反応速度式

化学反応の速度は,反応物濃度,生成物濃度,および温度の関数で表現される.これを反応速度式という.(5.1)式で表される反応について,原料のA成分の反応速度式は次のような温度および濃度の関数になる.

$$(-r_A) = f(T, C_A, C_B, C_R, C_S, \cdots) \tag{5.14}$$

均一系反応の場合,関数としてべき数式がよく用いられる.

$$(-r_{\mathrm{A}}) = k\, C_{\mathrm{A}}{}^{n_{\mathrm{A}}} C_{\mathrm{B}}{}^{n_{\mathrm{B}}} \tag{5.15}$$

(5.15) 式において，べき数 n を**反応次数** (reaction order) と呼ぶ．A 成分について n_{A} 次，B 成分について n_{B} 次であり，$(n_{\mathrm{A}} + n_{\mathrm{B}})$ を総括反応次数と呼ぶ．素反応の場合，反応次数 n_{A}, n_{B} と量論係数 ν_{A}, ν_{B} とは一致するが，素反応でなければ，同じになるとは限らない．

比例定数の k は**速度定数** (rate constant) と呼ばれ，反応温度の関数である．k と反応温度 $T(\mathrm{K})$ とは，次の**アレニウス** (Arrhenius) 式 (5.16) で関連づけられる．k_0 は**頻度因子**または**前指数因子** (pre-exponential factor) と呼ばれ，E は**活性化エネルギー** (activation energy) である．

$$k = k_0 \exp\frac{-E}{R_g T} \tag{5.16}$$

速度定数の対数と反応温度の逆数をプロットすると直線が得られ，その傾きが活性化エネルギーを与える．これを**アレニウスプロット** (Arrhenius plot) という．

2) 擬定常状態の近似

現実の反応は，複雑なメカニズムで進行しており，いくつかの活性中間体（A* と表記）を経由する複数の素反応から成り立っている．ラジカルやイオンに代表される活性中間体は，非常に反応性に富んでおり，生成した活性中間体はただちに消費されるため，その濃度は他の成分に比較してきわめて低い．このように，A* の正味の反応速度 r_{A^*} は非常に小さく，ゼロとみなすことができる．このような場合，**擬定常状態の近似**が成立するので，A* の生成速度をゼロとおくことにより，A* の濃度項を消去することができる．このようにして，一連の素反応の速度式から活性中間体の濃度を消去して，全体の反応速度式が導出される．

[例題 5.2] 反応

$$\mathrm{A + B + C \longrightarrow R + S} \tag{5.17}$$

に対して次の素反応機構を考え，擬定常状態の近似により反応速度式を導出

せよ．

$$A + B \underset{k_1'}{\overset{k_1}{\rightleftarrows}} A^* \tag{5.18}$$

$$A^* + C \overset{k_2}{\longrightarrow} R + S \tag{5.19}$$

[解] 活性中間体 A^* の生成速度を求めこれに定常状態の近似を適用する．

$$r_{A^*} = k_1 C_A C_B - k_1' C_{A^*} - k_2 C_{A^*} C_C = 0$$

したがって，$C_{A^*} = \dfrac{k_1 C_A C_B}{k_1' + k_2 C_C}$

ゆえに，$r_R = r_S = k_2 C_{A^*} C_C = \dfrac{k_1 k_2 C_A C_B C_C}{k_1' + k_2 C_C}$ (5.20) ∎

[例題 5.3] 反応物 A が酵素 E の作用で生成物 R に変換される酵素反応の機構は (5.21) 式のように書ける．ここで，(EA) は酵素基質複合体と呼ばれる活性中間体を表す．定常状態の近似により反応速度式を導出せよ．

$$E + A \underset{k_1'}{\overset{k_1}{\rightleftarrows}} (EA) \overset{k_2}{\longrightarrow} E + R \tag{5.21}$$

[解] (EA) の生成速度を求め，これに定常状態の近似を適用する．

$$\frac{dC_{EA}}{dt} = k_1 C_E C_A - k_1' C_{EA} - k_2 C_{EA} = 0 \tag{5.22}$$

全酵素濃度を $C_{E,0}$ とすると，$C_{E,0} = C_E + C_{EA}$

したがって，

$$C_E = C_{E,0} - C_{EA} \tag{5.23}$$

(5.23) 式を (5.22) 式に代入すると

$$k_1 (C_{E,0} - C_{EA}) C_A - (k_1' + k_2) C_{EA} = 0$$

これを C_{EA} について解くと

$$C_{EA} = \frac{k_1 C_{E,0} C_A}{(k_1' + k_2) + k_1 C_A} = \frac{C_{E,0} C_A}{K_m + C_A} \tag{5.24}$$

この $K_m \{= (k_1' + k_2)/k_1\}$ を**ミカエリス** (Michaelis) **定数**と称する．

反応速度を $(-r_A)$ と書くと,

$$-r_A = k_2 C_{EA} = \frac{k_2 C_{E,0} C_A}{K_m + C_A} \tag{5.25}$$

C_A を大きくすると反応速度は最大値

$$V_{max}(= k_2 C_{E,0}) \tag{5.26}$$

に漸近する.これを用いると,反応速度は次式で表すことができる.

$$-r_A = \frac{V_{max} C_A}{K_m + C_A} \tag{5.27}$$

この式を**ミカエリス−メンテン** (Michaelis-Menten) **式**と呼ぶ.$K_m = C_A$ のときに $(-r_A) = V_{max}/2$ となる.すなわち,ミカエリス定数 K_m は反応速度が最大値の半分となるときの反応物の濃度を表す. ■

3) 律速段階の近似

いくつかの素反応が逐次的に進行する反応では,ある素反応の速度が他の速度に比べて非常に遅い場合,全体の反応速度はその遅い段階の素反応速度によって決定される.これを**律速段階** (rate determining step) と称し,それ以外の素反応は十分に速く,部分平衡にあると仮定する.このようにして,反応速度を決定する方法を律速段階の近似と称する.

[**例題 5.4**] [例題 5.2] の反応について,律速段階の近似により反応速度式を誘導せよ.

[**解**] (5.18) 式が部分平衡にあるとすると;

$$K_1 = \frac{C_{A^*}}{C_A C_B} = \frac{k_1}{k_1'} \tag{5.28}$$

(5.19) 式を律速段階とすると;

$$r_R = r_S = k_2 C_{A^*} C_C = \frac{k_1 k_2 C_A C_B C_C}{k_1'} \tag{5.29}$$

これを擬定常状態の近似の (5.20) 式と比較すると,$k_1' \gg k_2 C_C$ の条件で同じ式となる. ■

4) 固体触媒の反応速度

固体触媒は細孔内表面上にある活性点で反応が進行する．そのためには，① 反応物の触媒の細孔内表面への吸着，② 吸着した反応物の表面反応，③ 生成物の脱離，などの素過程を経る必要があり，そのいずれを律速段階とするかによって，速度式は異なった形をとる．しかし，反応速度式は，いずれも律速段階の近似によって決定され次の形式となっている．

$$\text{反応速度} = \frac{(\text{動力学項})(\text{ポテンシャル項})}{(\text{吸着項})^n} \tag{5.30}$$

動力学項は速度定数や吸着点の総濃度など触媒の活性を表す項，ポテンシャル項は濃度など反応の推進力を表す項，吸着項は反応物や生成物による吸着阻害を表す項であり，律速段階に関与する活性点の数に関係したべき数 n を伴っている．(5.30) 式を**ラングミュア－ヒンシェルウッド**（Langmuir-Hinshelwood）**式**（LH 式）と称する．このほかにも，吸着した反応物に，もう一方の原料が気相から反応するケースもよく知られている．

[例題 5.5] $A \rightleftarrows R$ で表される固体触媒反応で，表面反応が律速のときの LH 式を導け．

[解] 分圧 P_A の反応物 A が固体触媒内の活性席 σ に吸着し，$A\sigma$ となり，表面反応により $R\sigma$ になり，さらに脱離して分圧 P_R の R と σ になる素過程を考える．

$$A + \sigma = A\sigma \quad r_{ad} = k_A P_A \theta_V - k_A' \theta_A \tag{5.31}$$

$$A\sigma = R\sigma \quad r_s = k_s \theta_A - k_s' \theta_R \tag{5.32}$$

$$R\sigma = R + \sigma \quad r_{de} = k_R' \theta_R - k_R P_R \theta_V \tag{5.33}$$

ここに，θ_V, θ_A, θ_R は活性席の中で，空席，A の吸着席，R の吸着席の割合であり，次式の関係がある．

$$\theta_V + \theta_A + \theta_R = 1 \tag{5.34}$$

表面反応律速；(5.31) 式と (5.33) 式が平衡とみなせるので，

$$\theta_A = \frac{k_A}{k_A'} P_A \theta_V = K_A P_A \theta_V \tag{5.35}$$

5.2 化学反応の速度

$$\theta_R = \frac{k_R}{k_R'} P_R \theta_V = K_R P_R \theta_V \tag{5.36}$$

(5.35) 式と (5.36) 式を (5.34) 式に代入することにより，

$$\theta_V = \frac{1}{1 + K_A P_A + K_R P_R} \tag{5.37}$$

見掛けの反応速度，$(-r_A)_{w,\mathrm{obs}}$ は律速段階の速度に等しい．
(5.35), (5.36) 式を (5.32) 式に代入すると，次式になる．

$$(-r_A)_{w,\mathrm{obs}} = r_s = k_s K_A P_A \theta_V - k_s' K_R P_R \theta_V$$

さらに，(5.37) 式を代入すると次式となる．

$$(-r_A)_{w,\mathrm{obs}} = \frac{k_A (P_A - P_R/K)}{1 + K_A P_A + K_R P_R} \tag{5.38}$$

ここに (5.38) 式が表面反応律速の場合の LH 式であり，(5.30) 式の一般形になっている．　■

5) 不均一系の反応速度

不均一系の反応では，物質移動などの物理的現象も反応速度に影響を与えるため，反応速度式にこれらの影響を反映させなければならない．たとえば，固体触媒反応の場合，流体と触媒外表面との間の境膜拡散と触媒粒子内での反応物の細孔内拡散が反応速度に影響を与える．球状触媒を例に，反応物の濃度分布を図 5.1 に示す．境膜拡散が律速段階であれば境膜を通る反応物 A の物質移動量 N_A は，実測される反応速度 $(-r_A)_{\mathrm{obs}}$ に等しく，次式で与えられる．

$$N_A = (-r_A)_{\mathrm{obs}} = k_{c,A} a_m (C_{A,b} - C_{A,s}) \tag{5.39}$$

$k_{c,A}$ は境膜物質移動係数，a_m は触媒の外表面積，$(C_{A,b} - C_{A,s})$ は流体本体と触媒外表面での A の濃度差を表す．境膜物質移動係数は，球状に成形した無水フタル酸などの昇華，素焼の球に吸収させた水の蒸発などの実験から，無次元の相関式としてまとめられたものを利用できる．

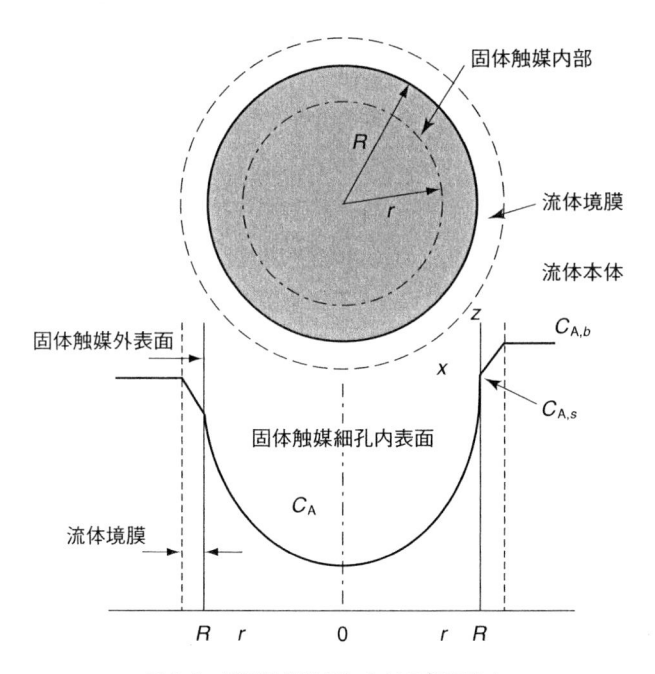

図 5.1 球形触媒粒子における濃度分布

実験的には，撹拌速度（槽型反応器）や反応物の流速（管型反応器）を大きくすることで，境膜の影響を無視できるまで小さくすることができる．流速を変化させる際には時間因子（後述；流体が反応器内に滞留する時間に相当）を一定に保つよう注意が必要である．

触媒粒子内では反応物は細孔内を拡散しながら反応するので，触媒粒子の中心に近づくほど反応物濃度が減少する．したがって，触媒粒子内部では反応速度が小さくなって，触媒全体としての見掛けの反応速度は，拡散の影響のないとき（＝すべての活性席に外表面と同じ濃度の反応物が接触するとき）に比べて小さくなる場合が多い．この比を**触媒有効係数**（catalyst effectiveness factor），E_f と呼ぶ．

$$E_f = \frac{実際の反応速度}{細孔内も外表面と同一条件としたときの反応速度} \quad (5.40)$$

5.2 化学反応の速度

図 5.1 に例示したように，半径 R の球状固体触媒内の，中心からの距離 r の球殻での物質収支から，以下の基礎式が得られる．

$$D_{e,A}\left\{\frac{d^2C_A}{dr^2} + \frac{(2/r)dC_A}{dr}\right\} - \rho_p(-r_A)_w = 0 \tag{5.41}$$

$D_{e,A}$ は**有効拡散係数** (effective diffusivity) $[\mathrm{m^2\,s^{-1}}]$ である．$(-r_A)_w$ は触媒重量基準の反応速度であるため，第 2 項目では触媒粒子密度 ρ_p を掛けている．

1 次反応のときには解析解が次式のように得られる．

$$E_f = \frac{1/\tanh(3m) - 1/(3m)}{m} \tag{5.42}$$

$$m = \left(\frac{R}{3}\right)\left(\frac{\rho_p k_w}{D_{e,A}}\right)^{1/2} \tag{5.43}$$

ここに，m は**ティーレモデュラス** (Thiele modulus) と呼ばれる無次元量であり，反応速度と拡散速度の比を表す．ただし，k_w は反応速度定数である．さまざまな触媒形状や反応次数に対応できるよう一般化ティーレモデュラスを定義する．任意の触媒形状ならびに A 成分の n 次反応に対して，m は (5.44) 式で与えられる．触媒が球状以外の形状の場合は半径 R の代わりに，触媒粒子の体積を外面積で除したもの (V_p/S_p) を用いる．

$$m = \frac{V_p}{S_p}\left[\frac{(n+1)\rho_p k C_{A,s}^{n-1}}{2D_{e,A}}\right]^{1/2} \tag{5.44}$$

(5.42) 式の E_f と m の関係を**図 5.2** に示す．触媒形状や反応次数が変化しても，ほとんどの場合に $m < 0.2$ では $E_f = 1$ となり反応律速であり，$m > 10$ では $E_f = 1/m$ となり粒子内拡散律速である．それらの中間領域では次式 (図 5.2 の破線) で近似できる．

$$E_f = \frac{1}{(1+m^2)^{1/2}} \tag{5.45}$$

触媒の粒子径を小さくすれば拡散距離が小さくなり，細孔内拡散の影響を

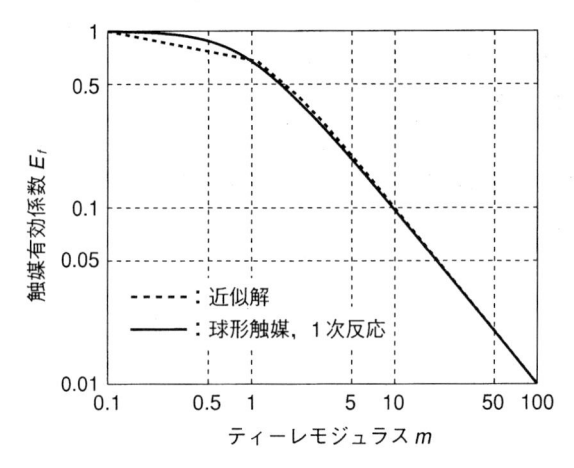

図 5.2 ティーレモジュラスと触媒有効係数

最小限にすることができる．このときの速度を (5.40) 式の分母に用いれば，実験的に有効係数を決定できる．ただし，境膜物質移動の影響のない条件を設定しなければならない．

5.3 反応器の分類と特徴

反応器の設計においては，対象が均一系反応であるか不均一系反応であるかによって，大きく取り扱いが異なる．後者の場合，気－液，気－固，液－液，液－固など相間の物質移動の影響を考えねばならないし，固体触媒反応では，前項で述べたように，反応速度式自体が複雑になる．本章では，均一系の反応操作について扱うこととするが，不均一系でもマクロにみて均一に取り扱える場合は適用可能である．

1) 反応器の分類

本章では代表的な反応器として，**回分反応器** (batch reactor；BR)，**連続撹拌槽型反応器** (continuous feed stirred tank reactor；CSTR)，**流通管型** (栓

図 5.3 反応器の分類と濃度分布

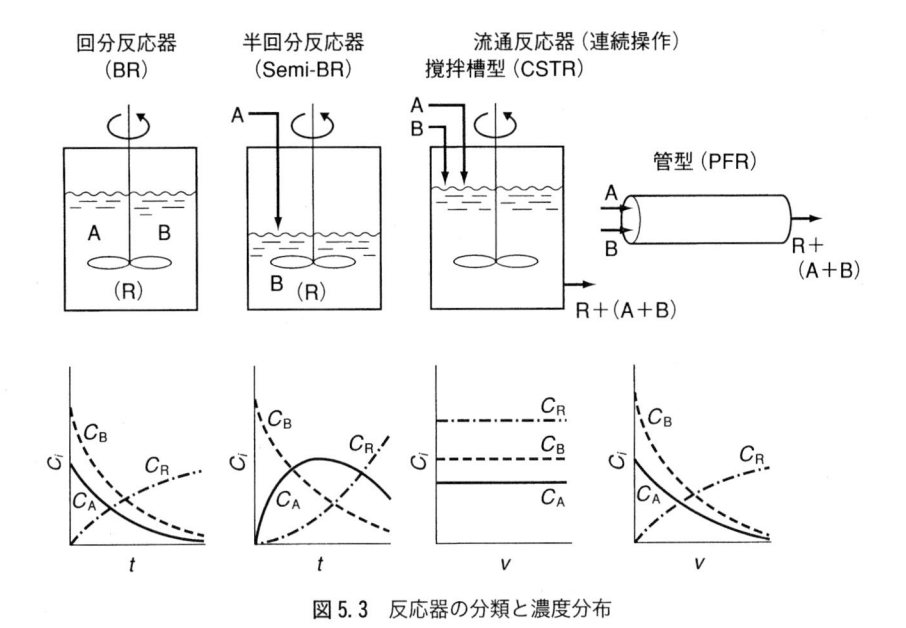

流) 反応器 (tubular (plug flow) reactor；PFR) の 3 種類を取り扱う．それぞれの反応器の略図と，A + B → R の反応が起きているときの濃度変化を図 5.3 に示す．

回分反応器では，反応物 (原料) を仕込み，反応条件を整えて反応を進行させ，所定時間ののちに生成物を取り出す．この間，反応器に物質の出入りはない．ただし，2 種類以上の反応物を同時に加えると反応が激しすぎる場合は，反応物の一方を徐々に加えて反応速度を制御する．したがって，反応混合物の体積は次第に増加する．このため**半回分** (semi-batch) 操作と称する．気－液反応で，仕込んだ一定量の液中にガスのみを流通させる操作も半回分操作であるが，この場合の体積はほぼ一定である．

流通反応器 (continuous reactor) では，一定量の反応物を供給すると同時に他端から同量の反応混合物を取り出す．これを連続操作と称する．反応が定常的に進行していれば，出口濃度は操作時間に依存せず一定である．流通

式反応器には大きく分けて,槽型と管型の2種類がある.槽型反応器で,内容物が完全に混合されていることを仮定できる理想的な CSTR では,槽内は均一濃度になっている.他方,管型反応器の中でも**栓流** (plug flow) が仮定できる PFR では,反応流体はピストンで押されるように管内を移動し,理想的には各流体要素はその前後の要素と混合しない.したがって,反応は入口から出口に向かって徐々に進行する.こうした流れの状態の違いは,反応器の性能に大きな差異を与える.実際の流通式反応器では,理想化されたこれら二つの流動状態からずれるため,逆混合モデルや槽列モデルなどによる修正が提案されている.

2) 反応率と体積の変化

化学反応の進行の度合いを示す尺度の一つとして,**反応率** (あるいは転化率) (conversion) X_A を用いる.X_A は第1章での定義から,着目成分 A について次式のようになる.

$$X_A = \frac{m_{A,0} - m_A}{m_{A,0}} \tag{5.46}$$

また,複合反応の場合は,複数の生成物のうち目的生成物を選択的に得ることが重要である.この指標として収率と選択率がある.(1.2), (1.3) 式に示すように,収率は目的生成物が量論的に到達しうる最大生成量に対する実際の生成量の割合である.一方,選択率は反応物の反応した量に対する目的生成物へ変化した量の割合である.

化学反応が (5.1) 式で進行するとき,原料系(左辺)と生成系(右辺)の量論係数の和が異なる場合,反応の前後で系の体積が変化する.こうした体積の変化は反応率の一次関数となると考え,体積変化を次式のように表現する.

$$V = V_0(1 + \varepsilon_A X_A) \tag{5.47}$$

ここに,ε_A は体積増加率であり,定圧,等温の気相反応では次式となる.

$$\varepsilon_A = \delta_A y_{A,0} \tag{5.48}$$

δ_A は量論式の係数より得られ,反応が (5.1) 式のときには,

$$\delta_A = \frac{(\nu_R + \nu_S) - (\nu_A + \nu_B)}{\nu_A} \tag{5.49}$$

$y_{A,0}$ は原料 A のモル分率を示す．

反応中の体積の変化を考慮すると濃度と反応速度には以下の関係がある．

$$\begin{aligned} C_A &= \frac{m_A}{V} = \frac{m_{A,0}(1-X_A)}{V_0(1+\varepsilon_A X_A)} \\ &= \frac{C_{A,0}(1-X_A)}{1+\varepsilon_A X_A} \end{aligned} \tag{5.50}$$

$$\begin{aligned} (-r_A) &= \frac{-(dm_A/dt)}{V} \\ &= \frac{C_{A,0}(dX_A/dt)}{1+\varepsilon_A X_A} \end{aligned} \tag{5.51}$$

反応速度を濃度 $C_j (= m_j/V)$ を使って表すと次式となる．

$$r_j = \frac{d(C_j V)/dt}{V} = \frac{dC}{dt} + \frac{C_j(dV/dt)}{V} \tag{5.52}$$

液相反応では，たとえ $\delta_A = 0$ でなくても反応混合物の密度の変化が無視できれば，$\varepsilon_A = 0$ とみなせる．このときを定容回分反応器と呼ぶ．定容回分反応器のとき，すなわち，反応時間中に反応混合物体積が変化しないときには (5.52) 式の右辺第 2 項はゼロとなり，反応速度は濃度の時間微分で表すことができる．

5.4 代表的な反応器の設計式

5.4.1 回分反応器

1) 回分反応器の設計式

反応による体積変化がない場合は，(5.8) 式は濃度の時間微分となる．これを変数分離し，積分すると次式を得る．

$$t = C_{A,0} \int_0^{X_A} \left[\frac{1}{(-r_A)}\right] dX_A \tag{5.53}$$

体積変化がある場合は,(5.47) 式を用いて次式を得る.

$$t = C_{A,0} \int_0^{X_A} \left[\frac{1}{(-r_A)(1+\varepsilon_A X_A)}\right] dX_A \tag{5.54}$$

(5.53) 式および (5.54) 式は,指定された反応率を達成するのに必要な反応時間を与えるので,回分反応器の設計式という.特に,(5.53) 式は体積変化のない場合に適用されるので定容回分反応器の設計式という.$(-r_A)$ が簡単な速度式のときには,具体的な速度式を代入して積分し,積分反応速度式を得る.解析解が得られない場合は数値積分が必要となる.

[例題 5.5] 1次および2次の不可逆反応に対する定容回分反応器の設計式を求めよ.

[解] 1次反応のとき;$(-r_A) = kC_A = kC_{A,0}(1-X_A)$ に対して,
(5.54) 式より,

$$\begin{aligned} t &= \frac{1}{k}\int_0^{X_A} \frac{1}{1-X_A} dX_A \\ &= -\ln\frac{1-X_A}{k} \end{aligned} \tag{5.55}$$

2次反応のとき;$(-r_A) = kC_A^2 = kC_{A,0}^2(1-X_A)^2$ に対しては,

$$t = \frac{X_A/(1-X_A)}{kC_{A,0}} \tag{5.56}$$ ■

2) 複合反応の設計式

単純反応の場合は (5.54) 式で濃度または反応率と反応時間の関係を計算することができるが,複合反応の場合は各々の反応について反応速度式をつくり検討しなければならない.複合反応の典型例として,並発反応と逐次反応を検討する.

1次-1次並発反応:

5.4 代表的な反応器の設計式

$$A \xrightarrow{k_1} R, \quad A \xrightarrow{k_2} S$$

$$(-r_A) = (k_1 + k_2) C_A, \quad r_R = k_1 C_A, \quad r_S = k_2 C_A$$

初期条件：$t=0$ で $C_A = C_{A,0}$, $C_{R,0} = C_{S,0} = 0$

（原料中には生成物は存在しない）

A成分については，$C_A = C_{A,0} \exp\{-(k_1+k_2)t\}$ (5.57)

R成分については，$r_R = \dfrac{dC_R}{dt} = k_1 C_A$ より

$$C_R = C_{A,0} k_1 \left[\frac{1 - \exp\{-(k_1+k_2)t\}}{k_1 + k_2} \right] \tag{5.58}$$

S成分については，(5.58)式の k_1 と k_2 を置き換えればよい．

反応したAのうち，Rへと変換された割合を選択率 (S) とすると，

$$S = \frac{C_R - C_{R,0}}{C_{A,0} - C_A} = \frac{k_1}{k_1 + k_2} \tag{5.59}$$

したがって，k_1 が k_2 より大きいほど選択率は高くなる．

1次-1次逐次反応：

$$A \xrightarrow{k_1} R \xrightarrow{k_2} S$$

$$(-r_A) = k_1 C_A, \quad r_R = k_1 C_A - k_2 C_R, \quad r_S = k_2 C_R$$

初期条件：$t=0$ で $C_A = C_{A,0}$, $C_{R,0} = C_{S,0} = 0$

A成分については，$C_A = C_{A,0} \exp(-k_1 t)$ (5.60)

R成分については，(5.60)式と $r_R = dC_R/dt = k_1 C_A - k_2 C_R$ より

$$\frac{dC_R}{dt} + k_2 C_R = k_1 C_{A,0} \exp(-k_1 t) \tag{5.61}$$

となる．これは線形1階微分方程式であり，その解は次式となる．

$$C_R = C_{A,0} k_1 \frac{\exp(-k_1 t) - \exp(-k_2 t)}{k_2 - k_1} \tag{5.62}$$

S成分については物質収支式，$C_S = C_{A,0} - C_A - C_R$ から得られる．

中間生成物の濃度 C_R には最大値が現れる．その最大となる時間 $t_{\max}$ およ

びそのときの濃度 $C_{R,max}$ は，$dC_R/dt = 0$ より，次式となる．

$$t_{max} = \frac{\ln(k_2/k_1)}{k_2 - k_1} \tag{5.63}$$

$$C_{R,max} = C_{A,0} \left(\frac{k_2}{k_1}\right)^{-k_2/(k_2-k_1)} \tag{5.64}$$

選択酸化反応のように，逐次反応の中間生成物が目的物の場合，このようにして最適化を行うことができる．

5.4.2 連続撹拌槽型反応器 (CSTR)

図 5.3 に示すような単純反応が CSTR 内で起こっているときの反応物 A の物質収支を考える．CSTR は完全混合が仮定されるので，反応器内の A の濃度と温度は均一であり，反応器出口の濃度と温度は反応器内のそれらに等しいと考える．定常状態を仮定すると蓄積項がゼロとなり次式が得られる．

$$v_0 C_{A,0} - v C_A - (-r_A) V = 0 \tag{5.65}$$

（流入量）（流出量）（反応量）（蓄積項）

反応系が溶液の場合，反応に伴う体積変化が無視できるとすると，$v = v_0$ である．そこで，(5.65) 式を変形すると次式となる．

$$\tau = \frac{C_{A,0} - C_A}{(-r_A)} = \frac{C_{A,0} X_A}{(-r_A)} \tag{5.66}$$

$\tau = V/v_0$ であり，反応器体積が単位時間当たりの処理量の何倍であるか，あるいは反応器体積に相当する原料を処理する時間を示すもので**空間時間** (space time) という．また，空間時間の逆数を**空間速度** (SV; space velocity) と呼ぶ．(5.66) 式を CSTR の設計式と称する．空間時間は，入口の体積流量を採用し，反応容積を基準とするが，そのほかにも，モル流量を採用したり，固体触媒反応の場合は触媒質量を基準とする場合がある．これらを総称して時間因子と称する．

[例題 5.6] n 次反応に対する CSTR の設計式を求めよ．

[解]　$-r_A = kC_A^n = kC_{A,0}^n(1-X_A)^n$ より

$$\tau = \frac{X_A}{kC_{A,0}^{n-1}(1-X_A)^n} \tag{5.67}$$

となり，1 次反応のときは　$\tau = \dfrac{X_A}{k(1-X_A)}$ 　(5.68)

であり，2 次反応のときは　$\tau = \dfrac{X_A}{kC_{A,0}(1-X_A)^2}$ 　(5.69)

[例題 5.7]　液相不可逆反応，A + B → R において，生成物 R は反応物 A と B の濃度に比例する速度で生成し，速度定数は，$k = 1.00 \times 10^{-4}$ m^3 mol^{-1} s^{-1} である．容積 0.200 m^3 の CSTR を用い，A および B を含む溶液を各々 1.00×10^{-5} m^3 s^{-1}，5.00×10^{-5} m^3 s^{-1} で別々に送入し，その濃度は 30 mol m^{-3}，20 mol m^{-3} である．A, B, R の出口濃度を求めよ．

[解]　入口の全流量　$(1.00 + 5.00) \times 10^{-5} = 6.00 \times 10^{-5}$ m^3 s^{-1}

A 成分の入口濃度　$C_{A,0} = \dfrac{30 \times 1 \times 10^{-5}}{6 \times 10^{-5}} = 5.00$ mol m^{-3},

B 成分の入口濃度　$C_{B,0} = \dfrac{20 \times 5 \times 10^{-5}}{6 \times 10^{-5}} = 16.7$ mol m^{-3}

空間時間　$\tau = 0.200/6.00 \times 10^{-5} = 3333$ s

$C_{A,0} - C_A = C_{B,0} - C_B = C_R$ より，$C_B = C_{B,0} - C_{A,0} + C_A = 11.7 + C_A$
$C_{A,0} - C_A = (-r_A)\tau = kC_A C_B \tau$ より，

　$5.00 - C_A = 1.00 \times 10^{-4} C_A (11.7 + C_A) \times 3333$

　$0.333 C_A^2 + 4.90 C_A - 5.00 = 0$ の 2 次方程式を解いて，

$C_A = 0.96$ mol m^{-3}，$C_B = 11.7 + 0.96 = 12.7$ mol m^{-3},
$C_R = 5.00 - 0.96 = 4.04$ mol m^{-3}

5.4.3　流通管型反応器 (PFR)

1) PFR の設計式

図 5.4 に PFR 内の体積要素 dV における軸方向の A 成分の物質収支を示

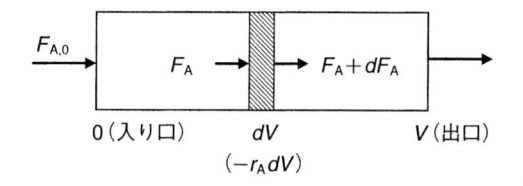

```
   F_{A,0}  ┌──────┬─┬──────┐
    ──→    │  F_A │▨│F_A+dF_A│ ──→
           └──────┴─┴──────┘
         0(入り口)  dV    V(出口)
                  (-r_A dV)
```

図 5.4 流通管型反応器 (PFR) の物質収支

す．定常状態を仮定すると体積要素内の蓄積項がゼロとおけるので次式が得られる．

$$F_A - (F_A + dF_A) - (-r_A)\,dV = 0 \tag{5.70}$$

体積要素への：流入量　　流出量　　体積要素中の反応量　蓄積項

F_A は A のモル流量 $[\mathrm{mol\ s^{-1}}]$ であり，vC_A に等しい．反応率との関係は次式である．

$$F_A = F_{A,0}(1 - X_A) = v_0 C_{A,0}(1 - X_A) \tag{5.71}$$

(5.70) 式と (5.71) 式より

$$(-r_A) = \frac{-dF_A}{dV} = F_{A,0}\frac{dX_A}{dV} = v_0 C_{A,0}\frac{dX_A}{dV} \tag{5.72}$$

(5.72) 式の変数を分離して積分すると，

$$\tau = C_{A,0}\int_0^{X_A}\left(\frac{1}{-r_A}\right)dX_A \tag{5.73}$$

(5.73) 式が PFR の設計式である．

τ は V/v_0 であり，CSTR のときと同様に空間時間である．$V/F_{A,0}$ も空間時間に比例する量であり，時間因子と称する．

[**例題 5.8**] 体積変化のある 1 次および 2 次反応の PFR の設計式を導け．

[**解**] PFR は気相反応を扱うことが多いが，その場合は，体積変化を伴うのが一般的である．そこで，体積変化のある n 次反応の PFR の設計式を検討する．

n 次反応の速度式は，

5.4 代表的な反応器の設計式

であり，

$$(-r_A) = kC_A{}^n = kC_{A,0}{}^n \left(\frac{1-X_A}{1+\varepsilon_A X_A}\right)^n$$

であり，PFR の設計式は (5.73) 式より，

$$\tau = \frac{1}{kC_{A0}{}^{n-1}} \int_0^{X_A} \left(\frac{1+\varepsilon_A X_A}{1-X_A}\right)^n dX_A$$

となる．これに $n = 1, 2$ を代入すると次式となる．

$$n = 1 \; ; \; \tau = \frac{(1+\varepsilon_A X_A)\{-\ln(1-X_A)\} - \varepsilon_A X_A}{k} \tag{5.74}$$

$$n = 2 \; ; \; \tau = \frac{(1+\varepsilon_A)^2 X_A/(1-X_A) + 2\varepsilon_A(1+\varepsilon_A)\ln(1-X_A) + \varepsilon_A{}^2 X_A}{kC_{A,0}} \tag{5.75}$$

$\varepsilon_A = 0$，すなわち体積変化のないときには (5.74), (5.75) 式は回分反応器に対する (5.55), (5.56) 式と同形 (τ を t に置きかえたもの) になる． ■

[**例題 5.9**] 800 ℃，5 気圧において，原料 (A 成分) に不活性ガスを等モル加えて次の反応を行う．

$$2A \longrightarrow 2R + S$$

この反応は 2 次不可逆で，速度定数は $k = 1.00 \times 10^{-3} \, \text{m}^3 \, \text{mol}^{-1} \, \text{s}^{-1}$ である．流通管形反応器を使って，A 成分の $28.4 \times 10^{-3} \, \text{mol s}^{-1}$ を 98 % の反応率まで分解させるに必要な反応器容積を求めよ．

[**解**] $y_{A,0} = 1/2$，(5.49) 式より，$\delta_A = \{(2+1) - 2\}/2 = 0.5$

(5.48) 式より，$\varepsilon_A = \delta_A y_{A,0} = 0.25$

A の入口モル流量　$F_{A,0} = 28.4 \times 10^{-3} \, \text{mol s}^{-1}$

A の入口濃度　$C_{A,0} = \dfrac{p_{A,0}}{R_g T} = \dfrac{5/2}{82.05 \times 10^{-6}(800+273)}$

$= 28.4 \, \text{mol m}^{-3}$

A の入口体積流量　$v_0 = \dfrac{F_{A,0}}{C_{A,0}} = \dfrac{0.0284}{28.4} = 1.0 \times 10^{-3} \, \text{m}^3 \, \text{s}^{-1}$

(5.75) 式より

$\tau =$

$$\frac{(1+0.25)^2 \times 0.98/(1-0.98) + 2 \times 0.25 \times (1+0.25)\ln(1-0.98) + (0.25)^2 \times 0.98}{1.00 \times 10^{-3} \times 28.4}$$

$= 2.62 \times 10^3$ s

$V = v_0 \tau = 10^{-3} \times 2.62 \times 10^3 = 2.62 \text{ m}^3$ ■

5.4.4 反応器の比較

反応工学の目的の一つとして，反応器の選択とその操作の最適化がある．前項では代表的な3種類の反応器の設計式を導入した．各反応器の性能を比較するため，各々の設計式を用いて，所定の反応率を達成するために必要な反応時間あるいは空間時間を比較する．体積変化のない場合 ($\varepsilon_A = 0$) を考え，回分反応器の設計式より得られる反応時間 t，CSTR の設計式からの空間時間 τ_m，および PFR の設計式からの空間時間 τ_p を比較したものが図 5.5 である．添字の m は mixed reactor の略で「完全混合反応器」であることを表す．図 5.5 の縦軸は速度の逆数，横軸は反応率である．通常の反応では反

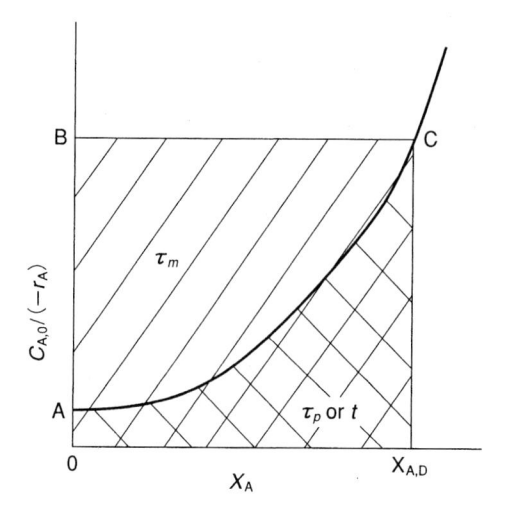

図 5.5 反応器の比較

5.4 代表的な反応器の設計式

応の進行に伴い，反応物の濃度が減少するため，反応速度は減少する．したがって，図中 $C_{A,0}/(-r_A)$ の値は反応率 X_A の増加とともに大きくなる．(5.54) 式および (5.73) 式はこの値を積分したものであり，図 5.5 における曲線下部の格子部分の面積（$0ACX_{A,D}$）に相当し，t と τ_p は等しくなる．一方，(5.66) 式は斜線で示した長方形部分の面積（$0BCX_{A,D}$）に相当し，τ_m となる．τ_m の値は τ_p あるいは t より大きいので，同一の流量で同じ反応率まで反応させる反応器の容積は CSTR のときが大きくなり，効率が悪い．

[例題 5.10] A → R の単純反応が 1 次反応で起きている．速度定数 k が $1.0\,\mathrm{s}^{-1}$ のとき，反応率 X_A を 99 % にするための空間時間を PFR と CSTR で比較せよ．

[解] (5.73) 式，$\varepsilon_A = 0$ より，$\tau_p = \dfrac{-\ln(1-0.99)}{1.0} = 4.6\,\mathrm{s}$

(5.68) 式より，$\tau_m = \dfrac{0.99}{1.0\,(1-0.99)} = 99.0\,\mathrm{s}$

となり，大きな差がある．■

CSTR の効率を向上させるために，複数の CSTR を直列に接続する「多段

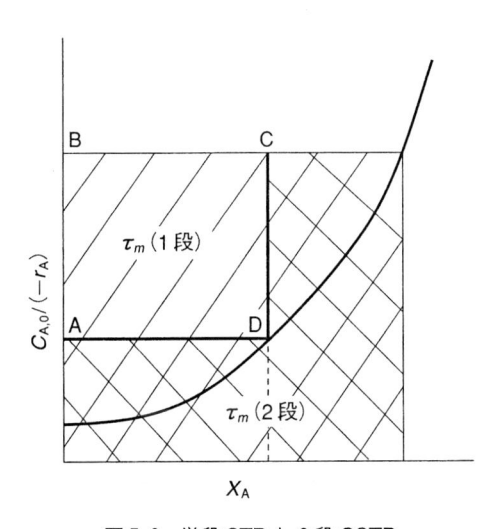

図 5.6 単段 STR と 2 段 CSTR

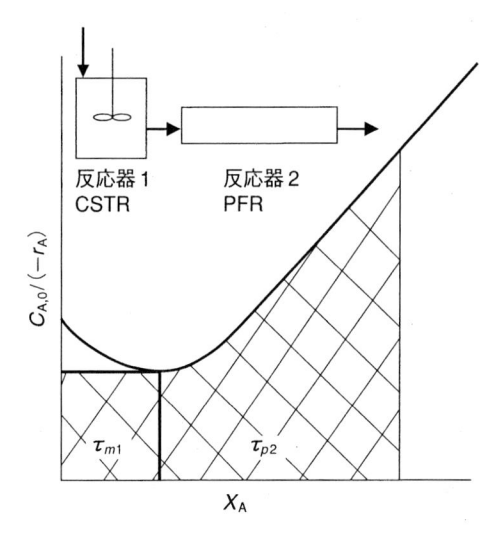

図 5.7　反応速度が極大をもつ場合の最適化

CSTR」がある．反応器の間で反応条件を変更したり，特定の成分を出し入れすることもある．図 5.6 には 2 段の例を示す．単段に比べ矩形 ABCD の面積相当分の効率向上が見込まれる．多段 CSTR の一般式は，任意の i 段目の反応器の物質収支を取ることで，漸化式としてまとめられる．

生成物がその反応の触媒となるような「自触媒反応」では，図 5.7 のように，初期では触媒の生成によって反応速度は上昇し，原料がある程度消費された時点で減少に転じる．このような場合，反応初期には PFR より CSTR のほうが効率がよい．反応速度が下降に転じて以降は，PFR の採用が望ましい．効率のよい反応システムを構成するためには，反応速度の極大点まで CSTR を用い，それ以降 PFR を直列に配することになる．これは，反応器最適化の一例である．

5.4.5　反応器の温度制御

本章では，定温の取り扱いを行ってきたが，実際の反応器では，反応の吸・

5.4 代表的な反応器の設計式

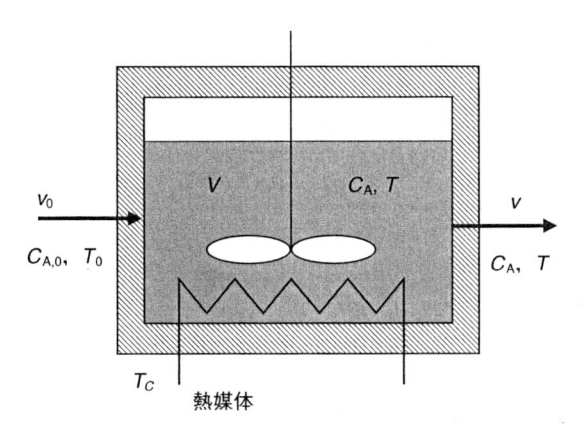

図 5.8 CSTR におけるエネルギー収支

発熱のため,外部より熱の排出・供給を行うことで反応温度を維持する.具体的には,反応に必要な温度を保つために,反応器にコイルやジャケットを設置して加熱あるいは冷却を行う.そこで,CSTR を例にその取り扱いを検討する.

図 5.8 のように,CSTR に熱媒体用の伝熱コイルを設置した場合を考え,反応器まわりでの熱収支を取る.すなわち;

$$\text{流入熱量} + \text{反応熱量} + \text{コイルからの伝熱量} - \text{流出熱量} = \text{蓄熱量} \tag{5.76}$$

数式化すると,次式となる.

$$v_0 \rho_0 c_{p,0} T_0 + (-\Delta H)(-r_A) V + UA(T_C - T) - v\rho c_p T = \frac{d(V\rho c_p T)}{dt} \tag{5.77}$$

T:反応流体の温度,T_C:熱媒体の温度,ρ:反応流体の密度 $[\mathrm{kg\,m^{-3}}]$,
c_p:反応流体の定圧熱容量 $[\mathrm{J\,kg^{-1}\,K^{-1}}]$,$(-\Delta H)$:反応熱 $[\mathrm{J\,mol\text{-}A^{-1}}]$,
U:総括伝熱係数 $[\mathrm{J\,s^{-1}\,m^{-2}\,K^{-1}}]$,$A$:伝熱面積 $[\mathrm{m^2}]$

温度および反応による密度および熱容量の変化が無視できるときには,

$$v_0 = v_i = v_0, \quad \rho_0 c_{p,0} = \rho c_p$$

と置ける．定常状態を仮定すると，蓄熱量 = 0 であり，熱収支式は次式でまとめられる．

$$\frac{T - T_0}{\tau} - \frac{UA(T_C - T)}{\rho c_p V} = \frac{(-\Delta H)(-r_A)}{\rho c_p} \tag{5.78}$$

(5.78) 式は，物質収支式と併せて非等温 CSTR の設計式となるが，両式から，反応速度項，$(-r_A)$ を消去した式

$$\frac{T - T_0}{\tau} - \frac{UA(T_C - T)}{\rho c_p V} = \frac{(-\Delta H)(C_{A,0} - C_A)}{\rho c_p \tau} = \frac{(-\Delta H) C_{A,0} X_A}{\rho c_p \tau} \tag{5.79}$$

で温度と濃度（または反応率）の関係を知ることができる．

断熱反応器（adiabatic reactor）のとき，すなわち，コイルなどによる外界からの熱の出入のないときには，$U = 0$ と置くことにより，次のように簡単になる．

$$T - T_0 = \frac{(-\Delta H)(C_{A,0} - C_A)}{\rho c_p} = (\Delta T_{ad}) X_A \tag{5.80}$$

ここに，$\Delta T_{ad} = \dfrac{(-\Delta H) C_{A,0}}{\rho c_p}$ であり，反応が 100 % まで進行したときの極限の温度変化に相当するので，断熱温度変化と呼ぶ．

以上，反応工学の基礎として，反応速度の取り扱いと，代表的な反応器の設計式について学習した．実際には，このような速度論を用いて自身の取り扱う反応の実験データを解析し，さらに設計式に代入して反応器の最適化を行うが，反応器を選択するにはさまざまな反応器の特徴を把握しておく必要がある．速度式が単純でなければ，解析的な解は求められないので，数値計算が必要となる．本章では取り扱う余裕がなかったが，物質移動が反応速度に影響を与える典型例として，気－固，気－液などの異相系の反応がある．また，実用的な反応器の設計においては，温度分布や理想流れからの乖離を

5.4 代表的な反応器の設計式   153

考慮せねばならない．さらに，次世代反応器には，さらにさまざまな機能が複合化されるであろう．これらの取り扱いについては，章末に紹介したより高度な専門書を参照されたい．

マイクロリアクターとナンバリングアップ

1990年代後半から，微細加工技術を利用してチップ上に構成したマイクロチャンネルを化学プロセスに利用する「マイクロリアクター」が注目を集めている．ホニッケ（Honicke，ドイツ）によれば，「固体基盤上にマイクロテクノロジーの適切なプロセスにより作製された化学反応用の3次元構造体であり，チャンネルまたはセルの幅（直径または厚み）が$500\,\mu m$以下であるフローまたはセミバッチシステム」と定義される．すべての寸法がマイクロスケールである必要はなく，チャンネル幅（断面）が$100\,\mu m \times 100\,\mu m$のオーダーであれば，長さがcmのオーダーでもマイクロリアクターと呼ばれる．微小なサイズに由来する次のような特徴がある：1) 単位体積当たりの表面積が非常に大きい，2) 拡散距離が短いため，素早い混合が達成される，3) レイノルズ数が小さいため層流が容易に達成できる，4) 温度制御が精密に行える，5) 微少量での合成が可能である．

従来の化学工学は，触媒の設計や探索から始まり，実験室でのビーカー規模の反応から，ベンチスケール，パイロットスケール，実プラントへとスケールアップしていく手法を工学としてまとめたものである．ところが，マイクロリアクターの場合は，実プラントでも開発段階と同じリアクターチップを利用し，生産規模にあわせて，その数をコントロールする手法を採用する．これをナンバリングアップと称し，スケールアップとは基本的な考え方が異なる．効率のよいチップを設計し，そのまま実機に使用するので，プロセス開発に要する期間も短縮される．また，環境調和型プロセスをめざした微少量化成品のオンサイト合成，モバイル用の燃料電池，医療用のバイオチップなどマイクロスケールの製品そのものが要求される場合も多く出てきている．こうした状況に対応するために，マイクロ化学プロセスのための新しい工学として，「マイクロ化学工学」が必要とされている．

演習問題

[1] 　　$a_1A + b_1B \longrightarrow s_1S$　　　　　　　　　　: R_1
　　　　$b_2B + c_2C + s_2S \longrightarrow t_2T + u_2U$　　: R_2
　　　　$a_3A + t_3T \longrightarrow b_3B + u_3U$　　　　　 : R_3

で表せる複合反応において，量論式に対する反応速度を R_1, R_2, R_3 とするとき，各成分に対する反応速度 ($R_A, R_B, R_C, R_S, R_T, R_U$) を表す式を求めよ．

[2] ある反応の温度を，27℃ から 37℃ に上昇させたところ，反応速度が2倍になった．活性化エネルギーを求めよ．

[3] 律速段階の近似を用いてミカエリス・メンテン (Michaelis-Menten) 式を導け．

[4] 直径 10 mm の工業触媒がある．この触媒を破砕して得た直径 0.5 mm と 0.1 mm の粉末状触媒を用いて反応速度を測定した．その結果，1次速度定数 k_W [$m^3 kg\text{-}cat^{-1} s^{-1}$] は，10 mm, 0.5 mm, 0.1 mm の各触媒についてそれぞれ，0.004, 0.0067, 0.0066 であった．触媒有効係数を求めよ．

[5] 1次－1次の可逆反応 $A \rightleftarrows R$ の回分反応器の設計式を誘導せよ．なお，成分 R の初濃度は $C_{R,0} = 0$ とし，必要に応じて，平衡定数 K，平衡反応率 $X_{A,e}$ などを定義して用いてよい．

[6] 1次－1次逐次反応において t_{max} および $C_{R,max}$ を表す式 (5.63), (5.64) を誘導せよ．また，速度定数が $k_1 = 0.22 \text{ s}^{-1}$, $k_2 = 0.18 \text{ s}^{-1}$, A の初濃度 $C_{A,0} = 200 \text{ mol m}^{-3}$ のとき，中間生成物 R の濃度を最大にする最大となる時間 t_{max} およびそのときの濃度 $C_{R,max}$ を求めよ．

[7] $A \rightarrow R$ の液相1次不可逆反応を CSTR で行う．反応速度定数は $k = 1.00 \times 10^{-3} \text{ s}^{-1}$ である．容積 0.200 m^3 の CSTR を用い，入口流量：$5.00 \times 10^{-5} \text{ m}^3 \text{ s}^{-1}$，A の初濃度 70.0 mol m^{-3} で原料中には生成物 R は含まれないとし，A, R の出口濃度を求めよ．

[8] 気相で $A \rightarrow 2R$ の1次反応が栓流反応器 (PFR) で起きている．原料は成分 A が 60.07 % で，残りは不活性ガスである．速度定数 $k = 0.300 \text{ s}^{-1}$，入口流量 $v_0 = 0.100 \text{ m}^3 \text{ s}^{-1}$ とする．反応率 $X_A = 75$ % まで反応させるに必要な反応器体積 V を計算せよ．

[9] A → R の単純反応が 2 次反応で起きている．速度定数 k が $1.0\ \mathrm{m^3\,mol^{-1}\,s^{-1}}$ のとき，反応率 X_A を 99 % にするための空間時間を PFR と CSTR で比較せよ．

参 考 書

1) 本章と同レベルで異相系反応や反応器設計まで含めた広範囲なもの
   後藤繁雄編：『化学反応操作』槇書店 (2002).
2) よりアドバンスな内容も含むもの
   橋本健治：『反応工学』改訂版，培風館 (1979).
3) 大学院レベルの先端的な内容
   化学工学会編：『進化する反応工学』化学工学の進歩 40，槇書店 (2006).
4) スタンダードな英文教科書
   O. Levenspiel：『Chemical Reaction Engineering』3rd ed., Wiley (1999).

第6章 プロセス制御

　反応，分離，混合，粉砕など種々の単位操作を組み合わせたシステムをプロセスシステムという．そこでは，複数の単位操作を一つのシステムとして統合し，適切に運用することが重要となる．プロセスシステム工学は，プロセスシステムの計画，設計，運転などに関わる方法と技術の開発をめざす工学として，1970年ごろに誕生した．本章では，プロセスシステム工学の中核を担う基盤分野であるプロセス制御の基礎について学ぶ．

使用記号

A：振幅，断面積 $[m^2]$
c_p：比熱 $[J\,kg^{-1}\,K^{-1}]$
d_r：減衰比 $[-]$
$d(t), D(s)$：外乱
E：活性化エネルギー $[J\,mol^{-1}]$
e_p：定常位置偏差
$e(t), E(s)$：偏差
G_m：ゲイン余裕 $[db]$
$G(s)$：伝達関数
$G(j\omega)$：周波数伝達関数
$|G(j\omega)|$：ゲイン $[-]$
$\angle G(j\omega)$：位相角 $[deg]$
K_P：比例ゲイン
k_0：頻度因子
L：むだ時間 $[s]$
o_s：行過ぎ量

P_m：位相余裕 $[deg]$
p_i：極
q：原料供給流量 $[m^3\,s^{-1}]$
$Q(s)$：開ループ伝達関数
$r(t), R(s)$：目標値
R_g：気体定数 $[J\,mol^{-1}\,K^{-1}]$
S：伝熱面積 $[m^2]$
T：時定数 $[s]$
t：時間 $[s]$
T_D：微分時間 $[s]$
T_I：積分時間 $[s]$
$T(s)$：目標値に関する閉ループ伝達関数
$T_d(s)$：外乱に関する閉ループ伝達関数

t_r：応答時間 $[s]$
t_s：整定時間 $[s]$
U：総括伝熱係数 $[J\,s^{-1}\,m^{-2}\,K^{-1}]$
$u, U(s)$：入力変数，操作量
$u_s(t)$：単位ステップ関数
V：反応器容積 $[m^3]$
$x, X(s)$：状態変数
$y, Y(s)$：出力変数，制御量
z_j：零点
$(-\Delta H)$：反応熱 $[J\,mol\text{-}A^{-1}]$
$\delta(t)$：インパルス関数
ω：周波数
ω_n：固有角周波数
ρ：密度 $[kg\,m^{-3}]$
ζ：減衰比 $[-]$

6.1 プロセス制御の仕組み

いくつかの要素を有機的に組み合わせ，全体としてある目的を達成することができるとき，これを**システム** (system) という．**プロセスシステム** (process system) は，原料に化学的または物理的な変化を加えて高付加価値製品を生産するシステムであり，化学，鉄鋼産業などに頻出するものである．

プロセスシステムを実現するためには，まず初めに，原料から製品を製造するための生産過程を計画しなければならない．これを**プロセス合成** (process synthesis) という．そこでは反応経路，原料配置，分離順序などが決定される．合成問題の解決には環境，経済，安全など幅広い知識が必要であり，これらの下で膨大な実現可能なプロセス案のなかから一つのプロセスが決定される．プロセス合成が終了すると，次にこれを実行する装置およびプラントの機能を設計することが必要となる．これを**プロセス設計** (process design) という．そこでは効率，費用，品質，安全性，環境への影響などを考慮しながら，製品の生産手順，使用する装置，プラントの運転条件などが決定される．プロセス合成およびプロセス設計の詳細については，章末の参考書 1) などを参考にされたい．

こうして設計されたプロセスシステムを運転するにあたっては，計画通りに原料を供給できる設備が維持でき，しかもプラントを安全に運転できることが重要となる．前者を**プロセス管理** (process management) といい，後者を**プロセス制御** (process control) という．ここで，**制御** (control) とはシステムがその目的を達成するよう行われる動作のことであり，プロセス制御とはプロセスシステムを対象とした制御のことである．プロセス制御では主に，温度，圧力，流量，液位，濃度などを希望の値に保つ制御が行われる．制御したいこれらの量を**制御量** (controlled variable) といい，制御を行うために操作する量を**操作量** (manipulated variable) という．また，希望の値を

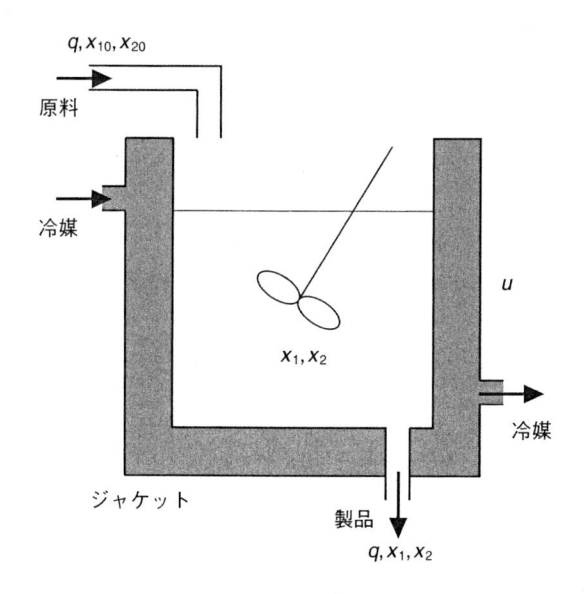

図6.1 連続撹拌槽型反応器 (CSTR)

目標値 (desired value) といい，それが時間に関して一定であるとき**設定値** (set point) という．さらに，システムの目的を乱す変動を**外乱** (disturbance) という．

5.4.5項に示した連続撹拌槽型反応器 (CSTR) の制御を考えてみよう．制御の目的を，図6.1に示すように，反応器のまわりのジャケットに冷媒を供給し操作量であるジャケット温度を操作することによって，制御量である反応器内温度を目標温度に保つこととする．このためには，反応器内の温度を測定し，それと目標温度との差に応じてジャケット温度を操作することが必要となる．この制御系の構造を模式的に図6.2に示す．このような構造をもつ制御を**フィードバック制御** (feedback control) という．フィードバック制御は，制御量を目標値に保つために用いられる最も一般的な制御である．しかし，この方式では，制御される'もの'を表す制御対象（図6.2ではCSTRが対応）やセンサーの応答に関する時間遅れが大きいと，制御動作が

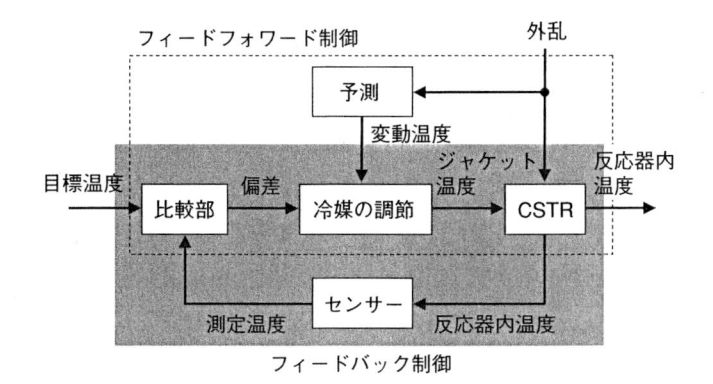

図 6.2 CSTR のフィードバック温度制御

後手に回ることも多い．この欠点を補うため，図 6.2 の点線で示すような外乱を検知し，予測される制御量の変化をもとに操作量を事前に修正する**フィードフォワード制御**（feedforward control）を併用することもある．

6.2 制御系の記述

6.2.1 状態方程式

制御系の解析・設計を進めるにあたっては，対象システムで起こる現象を記述することが必要である．システムで起こる現象は，システムの挙動に影響を及ぼす外界からの**入力**（input）と，システムの内部状態を外界に反映する**出力**（output），およびシステムの内部の様子を表す**状態**（state）の因果関係として記述される．以下では，入力変数を u で，出力変数を y で，状態変数を x で表す．

[**例題 6.1**] 図 6.1 に示す CSTR において，一次不可逆発熱反応 A → B が起きているときを考える．操作量であるジャケット温度を入力変数 u，制御量である反応器内温度を出力変数 y とし，反応器内の A の濃度と流出流体の

温度をそれぞれ状態変数 x_1, x_2 にとる．このとき，これらの変数の間の関係を示せ．ただし，反応定数はアレニウス式に従うものとする．

[解] 完全混合の仮定の下で物質収支と熱収支をとると，次式を得る．

$$V\frac{dx_1(t)}{dt} = qx_{10} - qx_1(t) - Vk_0 \exp\left\{-\frac{E}{R_g x_2(t)}\right\} x_1(t) \quad (6.1\text{a})$$

$$c_p \rho V \frac{dx_2(t)}{dt} = c_p \rho q x_{20} - c_p \rho q x_2(t) - US\{x_2(t) - u(t)\}$$

$$+ (-\Delta H) V k_0 \exp\left\{-\frac{E}{R_g x_2(t)}\right\} x_1(t) \quad (6.1\text{b})$$

ここで，t は時間を表し，x_{10}, x_{20} は A の供給濃度と供給温度，V は反応器容積，q は原料供給流量，U は反応器とジャケット間の総括伝熱係数，S は伝熱面積，k_0 は頻度因子，E は反応の活性化エネルギー，R_g は気体定数，c_p は比熱，ρ は密度，$(-\Delta H)$ は反応熱である．(6.1a) 式の左辺は A の蓄量を，右辺は第 1 項からそれぞれ順に流入量，流出量，および反応による消費量を表す．同様に，(6.1b) 式の左辺は蓄熱量を，右辺は第 1 項からそれぞれ流入熱量，流出熱量，ジャケットへの伝熱量，および反応による生成熱量を表す．また，出力変数と状態変数の間の関係は次式のようになる．

$$y(t) = x_2(t) \quad (6.2) \quad \blacksquare$$

(6.1) 式のような，状態が時間とともに変化していく様子を表す数式を**状態方程式** (state equation) といい，(6.2) 式のように，状態変数と出力変数の関係を表す数式を**出力方程式** (output equation) という．また，これらを合わせて**動的方程式** (dynamical equation, system equation) といい，状態変数の個数をこのシステムの**次数** (order) という．[例題 6.1] のように状態の変化が時間のみに依存するならば，システムの挙動は一組の常微分方程式からなる状態方程式と一組の代数方程式からなる出力方程式によって記述される．

時間が経過しても状態が変化しないとき，その状態を**定常状態** (steady state) という．定常状態は状態方程式において，$dx/dt = 0$ を満たす平衡点

として得られる．プロセスシステムは定常状態を維持しながら運転されることが多いため，あらかじめ定常状態を求めておくことは重要なことである．なお，n 階常微分方程式

$$\frac{d^n x}{dt^n} = f\left(x, \frac{dx}{dt}, \cdots, \frac{d^{n-1}x}{dt^{n-1}}, u, t\right) \tag{6.3}$$

は，$x_1 = x$，$x_2 = dx/dt$，$\cdots$，$x_n = d^{n-1}x/dt^{n-1}$ とおくことによって，n 個の変数をもつ n 元連立 1 階微分方程式

$$\begin{aligned}
\frac{dx_1}{dt} &= x_2 \\
\frac{dx_2}{dt} &= x_3 \\
&\vdots \\
\frac{dx_n}{dt} &= f(x_1, x_2, \cdots, x_n, u, t)
\end{aligned} \tag{6.4}$$

に変換することができる．このため，一般に状態方程式といえば，(6.4) 式のような連立 1 階微分方程式を表す場合が多い．

化学プロセスで起こる現象の多くは，厳密には非線形現象である．しかし，現実のプロセスでは，状態はほとんどの時間で目標状態の近傍に保たれている．このため，目標状態からの変動に着目しそれが十分小さいならば，非線形方程式の代わりに，非線形項を目標状態の近傍でテイラー展開して得られる線形方程式でプロセスの挙動を精度よく近似することができる．したがって，以下では，動的方程式が状態変数，入力変数，および出力変数の線形方程式で記述される**線形システム** (linear system) のみを対象とする．

6.2.2 伝達関数

動的方程式はシステムを記述する有力な手法であるが，微分項を含むため次数が高くなるとその扱いが困難になる．しかし，ラプラス (Laplace) 変換

表 6.1 ラプラス変換

1. 基本的な関数のラプラス変換

$f(t)$	$\delta(t)$	$u_s(t)$	$e^{\sigma t}$	$\cos\omega t$	$\sin\omega t$	$t^n\ (n=1, 2, \cdots)$
$F(s)$	1	$\dfrac{1}{s}$	$\dfrac{1}{s-\sigma}$	$\dfrac{s}{s^2+\omega^2}$	$\dfrac{\omega}{s^2+\omega^2}$	$\dfrac{n!}{s^{n+1}}$

2. ラプラス変換の基本性質

① 微分:$\mathcal{L}[f^{(n)}(t)] = s^n F(s) - s^{n-1}f(0) - s^{n-2}f'(0) - \cdots - f^{(n-1)}(0)$

② 積分:$\mathcal{L}\left[\int\cdots\int f(t)(dt)^n\right] = \dfrac{F(s)}{s^n} + \dfrac{f^{(-1)}(0)}{s^n} + \dfrac{f^{(-2)}(0)}{s^{n-1}} + \cdots + \dfrac{f^{(-n)}(0)}{s}$

ただし,$f^{(k)} = \dfrac{d^k f(t)}{dt^k}$, $f^{(-k)} = \int\cdots\int f(t)(dt)^k$

③ 推移定理 (t 領域):$\mathcal{L}[f(t-L)] = e^{-sL}F(s) \quad (L>0)$

④ 推移定理 (s 領域):$\mathcal{L}[f(t)e^{\sigma t}] = F(s-\sigma)$

⑤ 最終値および初期値の定理:$sF(s)$ が s 平面の右半面と虚軸上で正則ならば,
$$\lim_{t\to\infty} f(t) = \lim_{s\to 0} sF(s),\quad \lim_{t\to +0} f(t) = \lim_{s\to\infty} sF(s)$$

を使うと,微分および積分を積の演算などの代数演算に変換することができる.このため,ラプラス変換は制御工学分野での強力な数学的道具である.以下,本書では,任意の関数 $f(t)$ のラプラス変換をその大文字を使って $F(s)$ ($=\mathcal{L}[f(t)]$) で表すこととする.ただし,s は複素変数を表し,$\mathcal{L}$ はラプラス変換を表す.ラプラス変換の基本事項を**表 6.1** にまとめて示す.

入力 $u(t)$ と出力 $y(t)$ の間の関係が次のような n 階線形微分方程式で記述される線形システムを考える.ただし,$n>m$ とする.

$$\begin{aligned}
&a_n\frac{d^n y(t)}{dt^n} + a_{n-1}\frac{d^{n-1}y(t)}{dt^{n-1}} + \cdots + a_1\frac{dy(t)}{dt} + a_0 y(t) \\
&= b_m\frac{d^m u(t)}{dt^m} + b_{m-1}\frac{d^{m-1}u(t)}{dt^{m-1}} + \cdots + b_1\frac{du(t)}{dt} + b_0 u(t)
\end{aligned} \tag{6.5}$$

(6.5) 式を,すべての初期値が 0,すなわち

$$u(0) = \frac{du(0)}{dt} = \cdots = \frac{du^{m-1}(0)}{dt^{m-1}} = 0$$

$$y(0) = \frac{dy(0)}{dt} = \cdots = \frac{dy^{n-1}(0)}{dt^{n-1}} = 0$$

の下でラプラス変換すると,表 6.1 のなかの 2. ① より

$$a_n s^n Y(s) + a_{n-1} s^{n-1} Y(s) + \cdots + a_1 s Y(s) + a_0 Y(s)$$
$$= b_m s^m U(s) + b_{m-1} s^{m-1} U(s) + \cdots + b_1 s U(s) + b_0 U(s)$$

となる.したがって,$Y(s)$ と $U(s)$ の比を求めると,

$$G(s) = \frac{Y(s)}{U(s)} = \frac{b_m s^m + b_{m-1} s^{m-1} + \cdots + b_1 s + b_0}{a_n s^n + a_{n-1} s^{n-1} + \cdots + a_1 s + a_0} \quad (6.6)$$

となる.$G(s)$ を**伝達関数** (transfer function) という.このようにラプラス変換を用いると,(6.5) 式のような微分方程式で記述される $u(t)$ と $y(t)$ の関係を (6.6) 式のような代数式で表すことができる.このため次節で示すように,ある入力をシステムに加えたときの出力を見通しよく調べることができる.

6.3 応答特性

6.3.1 過渡応答

初期状態や入力に対する出力応答を**過渡応答** (transient response) という.線形システムの過渡応答は,初期状態のみに依存する応答と,入力のみに依存する応答に完全に分離することができる.このうち,初期状態に依存する応答は実際のシステムでは時間の経過とともに 0 に近づくことが多い.このため,現実には過渡応答として入力に依存する応答だけを考えれば十分である.したがって,(6.6) 式より,過渡応答である出力 $y(t)$ は最初に入力 $u(t)$ のラプラス変換 $U(s)$ を求め,次にこれと $G(s)$ の積 $G(s)U(s)$ を逆ラプラス変換することによって得ることができる.すなわち,(6.6) 式より

$$y(t) = \mathcal{L}^{-1}[Y(s)] = \mathcal{L}^{-1}[G(s)U(s)] \quad (6.7)$$

となる.ここで $\mathcal{L}^{-1}$ は逆ラプラス変換を表す.

図6.3 の上部: インパルス関数 $\delta(t) = \lim_{\Delta \to 0} \delta_\Delta(t)$

パルス関数 $\delta_\Delta(t)$ (高さ $1/\Delta$, 幅 0 から Δ)

単位ステップ関数 $u_s(t)$ (高さ 1)

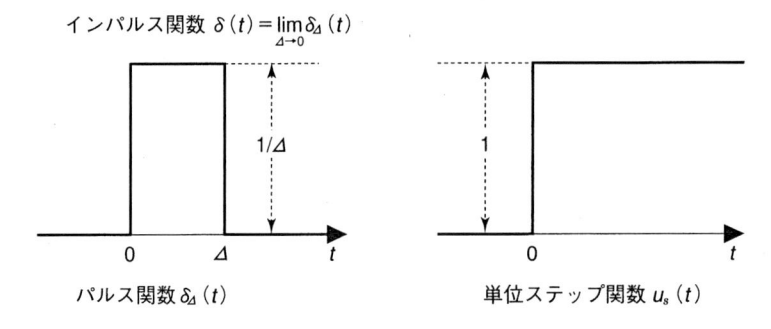

図 6.3 インパルス関数と単位ステップ関数

たとえば，$u(t)$ が図 6.3 に示すようなインパルス関数 $\delta(t)$ ならば，表 6.1 から $U(s) = \mathcal{L}[\delta(t)] = 1$ となり，そのときの出力 $y(t)$ は

$$y(t) = \mathcal{L}^{-1}[G(s)] \tag{6.8}$$

となる．これを**インパルス応答** (impulse response) という．また，$u(t)$ が図 6.3 の単位ステップ関数 $u_s(t)$ ならば，表 6.1 から $U(s) = \mathcal{L}[u_s(t)] = 1/s$ となり，

$$y(t) = \mathcal{L}^{-1}\left[\frac{G(s)}{s}\right] \tag{6.9}$$

となる．これを**ステップ応答**（**インディシャル応答**；step response, indicial response）という．これらの例のように，ラプラス変換を使うと (6.5) 式の微分方程式を解くことなく $y(t)$ を求めることが可能となる．

次に出力 $y(t)$ をもう少し詳しくみてみよう．(6.6) 式は，分子と分母を因数分解することによって

$$G(s) = k\frac{(s-z_1)(s-z_2)\cdots(s-z_m)}{(s-p_1)(s-p_2)\cdots(s-p_n)}, \quad k = \frac{b_m}{a_n} \tag{6.10}$$

と書き直すことができる．ここで p_i, z_j は複素数であっても構わない．$G(s) = \infty$ の根である $p_1, p_2, \cdots, p_n$ を**極** (pole) といい，$G(s) = 0$ の根である $z_1, z_2, \cdots, z_m$ を**零点** (zero) という．(6.10) 式より，インパルス応答は (6.8) 式

の右辺の $G(s)$ を部分分数

$$G(s) = \frac{d_1}{s-p_1} + \frac{d_2}{s-p_2} + \cdots + \frac{d_n}{s-p_n}$$

に展開し，これを逆ラプラス変換することによって

$$y(t) = \sum_{i=1}^{n} d_i e^{p_i t}, \quad d_i : 定数 \tag{6.11}$$

として得られる．なお，$G(s)$ の n 個の極は必ずしもすべてが相異なるとは限らない．したがって，より一般的には，$G(s)$ の相異なる極 p_i $(i=1,\cdots,\ell)$ の重複度を n_i (n_i は自然数；$\sum_{i}^{\ell} n_i = n$) とすると，(6.10) 式は

$$G(s) = k \frac{(s-z_1)(s-z_2)\cdots(s-z_m)}{(s-p_1)^{n_1}(s-p_2)^{n_2}\cdots(s-p_\ell)^{n_\ell}}$$

となり，(6.11) 式は

$$y(t) = \sum_{i=1}^{\ell} (d_{i,0} + d_{i,1}t + \cdots + d_{i,n_i-1}t^{n_i-1}) e^{p_i t}, \quad d_{i,j} : 定数$$

となる．しかし，いずれの場合も $G(s)$ の極であるすべての p_i が負の実数部をもつならば，$y(t)$ は時間が経過しても発散することなく収束することとなる．これは (6.9) 式で与えられるステップ応答についても同様である．

システムにどのような有界な入力を加えても，出力もまた発散することなく必ず有界になるとき，そのシステムは**安定** (stable) であるという．システムが安定であることは，まず最初にシステムが満たさなければならない要件である．システムが不安定であると，温度，圧力などの物理量の変動が大きくなり製品の品質が確保できないばかりか，システム自体が危険な状態に陥ることもある．

システムの安定性に関して次が成り立つ．

【システムの安定条件】

伝達関数 $G(s)$ で表現されたシステムは，$G(s)$ のすべての極が負の実数部をもつとき，そしてそのときに限って安定である． □

このように伝達関数の極はシステムの安定性を支配する．一方，零点はシステムの過渡応答の形に影響を及ぼす．なお，この安定条件は，(6.6) 式中の整方程式

$$a_n s^n + a_{n-1} s^{n-1} + \cdots + a_1 s + a_0 = 0$$

を解き，$G(s)$ の極を実際に求めることなく，この方程式の係数のみから調べることができる．このための方法としてラウス (Routh) の方法やフルビッツ (Hurwitz) の方法がある．これらについては他書を参考にされたい．

6.3.2 周波数応答

システムの入力と出力の関係は，時間応答に含まれるさまざまな周波数をもつ正弦波成分を抽出し，周波数領域でのこれらの特徴を見いだすことによっても解析することができる．伝達関数 $G(s)$ で表されるシステムに振幅 A，周波数 ω の正弦波入力

$$u(t) = A \sin \omega t \tag{6.12}$$

を加えたときの出力 $y(t)$ は，時間が十分経過したのち

$$y(t) = A|G(j\omega)| \sin\{\omega t + \angle G(j\omega)\} \tag{6.13}$$

となる．ここで，j は虚数単位を表し，$j^2 = -1$ である．(6.13) 式は，線形システムに正弦波入力を加え十分に時間が経過すると，出力は"振幅が入力のそれの $|G(j\omega)|$ 倍に，位相は入力に比べ $\angle G(j\omega)$ だけ変化した，入力と同じ周波数をもつ正弦波"になることを示している．これを**周波数応答** (frequency response) といい，$|G(j\omega)|$ を**ゲイン** (gain)，$\angle G(j\omega)$ を**位相角** (phase angle) という．また，$G(s)$ の s を $j\omega$ で置き換えた $G(j\omega)$ を，任意の周波数での伝達特性を表すことから**周波数伝達関数** (frequency transfer function) という．

したがって，与えられた $G(s)$ に対して各周波数におけるゲインと位相角をあらかじめ求めておけば出力を事前に予想することができるため，これを制御系の解析や設計に活用することが可能となる．ゲインと位相角を図に表

す方法として,次の表現法がある.

◇ **ベクトル軌跡**

$G(j\omega)$ は複素数であることから,$G(j\omega)$ を複素平面上のベクトルとして表すことができる.ω を連続的に変化させていくとき,このベクトルの先端が複素平面上に描く軌跡を**ベクトル軌跡** (vector locus) という.ベクトル軌跡を使うと,ゲインは $G(j\omega)$ の大きさで,位相はその偏角で表される.

◇ **ボード線図**

横軸に ω を対数目盛でとり,縦軸にゲインのデシベル値 $20\log_{10}|G(j\omega)|$ [db] と位相角 $\angle G(j\omega)$ [deg] を等分目盛で描いたものを**ボード線図** (Bode diagram) という.このうち,ゲイン曲線を表したものを**ゲイン線図**,位相曲線を表したものを**位相線図**という.

6.3.3 伝達要素の応答特性

ボード線図については,その定義から次の性質が成り立つ.

性質 1:$G(s) = G_1(s) G_2(s)$ ならば,
$$20\log_{10}|G(j\omega)| = 20\log_{10}|G_1(j\omega)| + 20\log_{10}|G_2(j\omega)|$$
$$\angle G(j\omega) = \angle G_1(j\omega) + \angle G_2(j\omega)$$

となる.これより,このときの $G(j\omega)$ のボード線図は,ゲイン曲線,位相曲線ともに $G_1(j\omega)$ と $G_2(j\omega)$ のそれらを図上で加えて得ることができる.

性質 2:$G(s) = 1/H(s)$ ならば,
$$20\log_{10}|G(j\omega)| = -20\log_{10}|H(j\omega)|, \quad \angle G(j\omega) = -\angle H(j\omega)$$

となる.これより,このときの $G(j\omega)$ のボード線図は,$H(j\omega)$ のゲイン曲線と位相曲線をそれぞれ横軸に関して折り返せばよい.

これらの性質を使えば,複雑な伝達関数のボード線図も基本要素のそれらの合成で得ることができる.これがボード線図の優れた点である.

そこで次に,代表的な基本要素を示す.

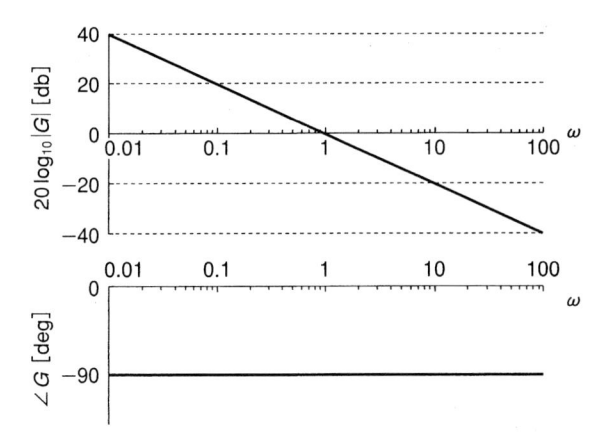

図 6.4 積分要素のボード線図

① 積分要素

断面積 A の水槽に流量 $u(t)$ で水を供給する．槽内の水位を $y(t)$ とすると，蓄量と流入量が等しいことより，$A dy(t)/dt = u(t)$ が成り立つ．これより，$u(t)$ と $y(t)$ の関係は $Y(s)/U(s) = 1/(As)$ となる．この例のように伝達関数

$$G(s) = \frac{1}{s}$$

で表される伝達要素を**積分要素**といい，その周波数応答は次のようである．

$$20\log_{10}|G(j\omega)| = -20\log_{10}\omega, \quad \angle G(j\omega) = -90°$$

積分要素のボード線図を図 6.4 に示す．

② 1 次遅れ要素

断面積 A の水槽に流量 $u(t)$ で水を供給しながら，底から一部を流出させる．いま，流出量が水位 $y(t)$ を使って，$y(t)/R$ (R；抵抗を表す正数) で表されるならば，水の蓄量は $A dy(t)/dt = u(t) - y(t)/R$ として与えられる．これより，$Y(s)/U(s) = R/(ARs + 1)$ となる．この例のように伝達関数

6.3 応答特性

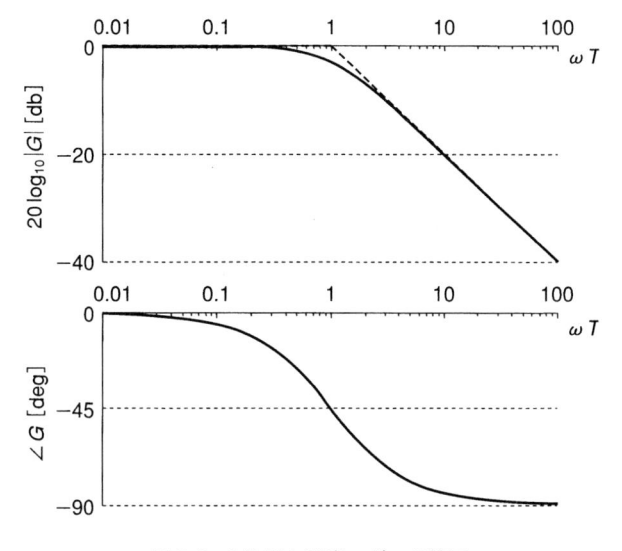

図 6.5 1次遅れ要素のボード線図

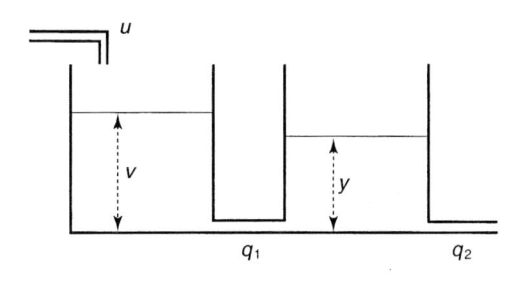

図 6.6 2水槽系

$$G(s) = \frac{1}{Ts+1}, \quad T > 0$$

で表される伝達要素を **1次遅れ要素**といい，T を**時定数**という．1次遅れ要素の周波数特性は次のようである．これを図 6.5 に示す．

$$20\log_{10}|G(j\omega)| = -20\log_{10}\sqrt{1+(\omega T)^2}, \quad \angle G(j\omega) = -\tan^{-1}(\omega T)$$

③ 振動性2次遅れ要素

断面積 A の水槽を図 6.6 のように二つ結合する．それぞれの槽からの流出量が各槽内の水位 $v(t)$, $y(t)$ を使って，$q_1 = (v(t) - y(t))/R$, $q_2 = y(t)/R$ で表されるならば，各槽の水の蓄量は

$$\frac{A dv(t)}{dt} = u(t) - \frac{v(t) - y(t)}{R}$$

$$\frac{A dy(t)}{dt} = \frac{v(t) - y(t)}{R} - \frac{y(t)}{R}$$

となる．これらをラプラス変換し $V(s)$ を消去すると，$Y(s)/U(s) = R/\{(AR)^2 s^2 + 3(AR)s + 1\}$ が得られる．この例のように，伝達関数の分母が s の2次式（分子は s の1次式か定数）である伝達要素を **2次遅れ要素**という．そのうち，とくに

$$G(s) = \frac{\omega_n^2}{s^2 + 2\zeta\omega_n s + \omega_n^2}, \quad 0 < \zeta < 1, \quad \omega_n > 0$$

を**振動性2次遅れ要素**といい，ζ を**減衰比**，ω_n を**固有角周波数**という．振動性2次遅れ要素の周波数特性は次式のようである．これを図 6.7 に示す．

$$20\log_{10}|G(j\omega)| = -20\log_{10}\sqrt{(1-\Omega^2)^2 + (2\zeta\Omega)^2}$$

$$\angle G(j\omega) = -\tan^{-1}\left(\frac{2\zeta\Omega}{1-\Omega^2}\right), \quad \Omega = \frac{\omega}{\omega_n}$$

④ むだ時間要素

一定流速 v で水が流れている長さ ℓ の管路 AB を考える．今，管路の始点 A において，ある物質を水のなかにインパルス状に加えると，それは $L = \ell/v$ だけ遅れて B 点に現れる．このときの A 点での物質濃度の時間変化を $u(t)$，B 点でのそれを $y(t)$ とおくと，両者の関係は $y(t) = u(t-L)$ となる．表 6.1 のなかの t 領域での推移定理を適用すると，$Y(s)/U(s) = e^{-Ls}$ となる．伝達関数

$$G(s) = e^{-Ls}, \quad L > 0$$

6.3 応答特性

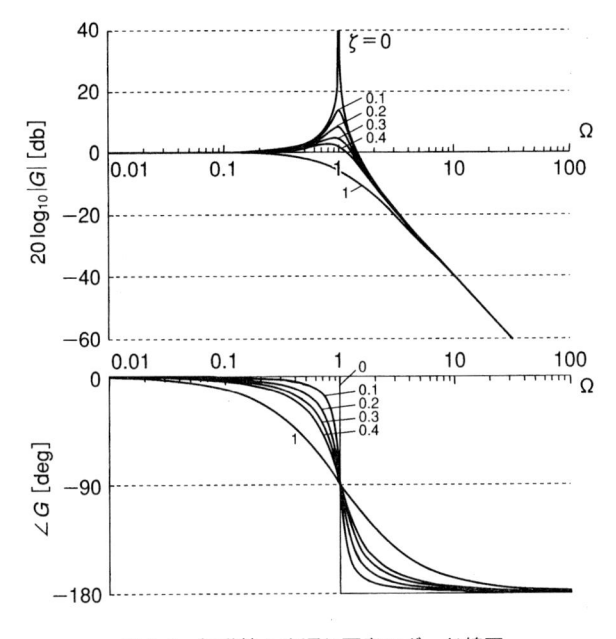

図6.7 振動性2次遅れ要素のボード線図

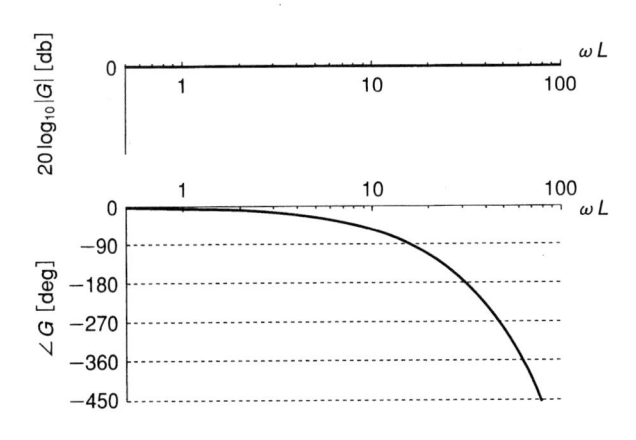

図6.8 むだ時間要素のボード線図

図 6.9　$\dfrac{s/2+1}{(10s+1)(s/10+1)}$ のボード線図

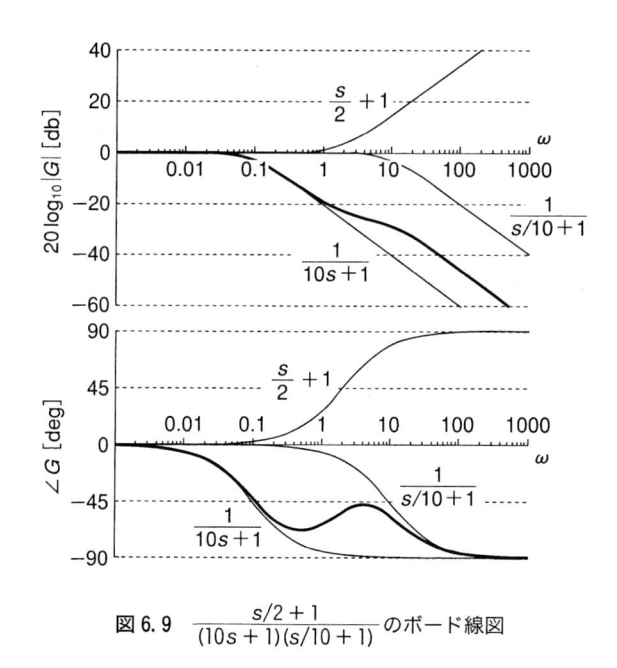

で表される伝達要素を**むだ時間要素**といい，L を**むだ時間**という．むだ時間要素の周波数特性は次のようである．これを図 6.8 に示す．

$$20\log_{10}|G(j\omega)| = 0, \quad \angle G(j\omega) = -\omega L$$

[**例題 6.2**]　伝達関数 $G(s) = (s/2+1)/\{(10s+1)(s/10+1)\}$ のボード線図の概形を描け．

[**解**]　6.3.3 項の性質 1,2 より，$G(s)$ のボード線図は三つの伝達要素 $1/(10s+1)$，$1/(s/10+1)$，$s/2+1$ のゲイン曲線と位相曲線をそれぞれ加えることによって得ることができる．これを図 6.9 に示す．■

6.4 プロセス制御系の解析

6.4.1 制御系の表現
1) 線形システムの結合
線形システムの構造を表す図的表現の一つに，**図 6.10** に示すような**ブロック線図** (block diagram) がある．そこでは，変数を矢線で，伝達要素をブロックで，変数の加減を加え合せ点で，変数の分配を引出し線で表す．

伝達要素の基本結合を**図 6.11** に示す．直列結合された要素の伝達関数は各要素のそれの積に，並列結合された要素の伝達関数は各要素のそれの和または差になる．また，フィードバック結合は制御系において重要なものであり，$E = U - V$ のとき**負フィードバック結合**，$E = U + V$ のとき**正フィードバック結合**という．

2) ループ伝達関数と特性方程式
図 6.12 のブロック線図で表される線形フィードバック制御系を考えてみよう．ここで，$R(s)$ は目標値，$E(s)$ は偏差，$U(s)$ は操作量，$Y(s)$ は制御量を表し，外乱 $D(s)$ は制御対象の途中に加わるものとする．

$$P(s) = P_2(s) P_1(s), \quad G(s) = P(s) C(s)$$

とおく．このとき，

$$Q(s) = H(s) G(s) \tag{6.14}$$

をこの制御系の**開ループ伝達関数** (open-loop transfer function) という．この制御系の入力である $R(s), D(s)$ と出力 $Y(s)$ との関係は，

$$Y(s) = T(s) R(s) + T_d(s) D(s) \tag{6.15}$$

で与えられる (演習問題 [2])．ここで，

$$T(s) = \frac{G(s)}{1 + Q(s)} \tag{6.16}$$

$$T_d(s) = \frac{P_2(s)}{1 + Q(s)} \tag{6.17}$$

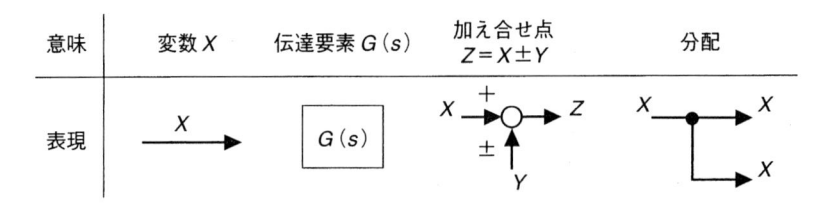

意味	変数 X	伝達要素 $G(s)$	加え合せ点 $Z = X \pm Y$	分配
表現	$X \longrightarrow$	$\boxed{G(s)}$	$X \xrightarrow{+} \bigcirc \xrightarrow{} Z$, $\pm Y$	$X \bullet\!\!\!\longrightarrow X$, $\longrightarrow X$

図 6.10 ブロック線図構成要素

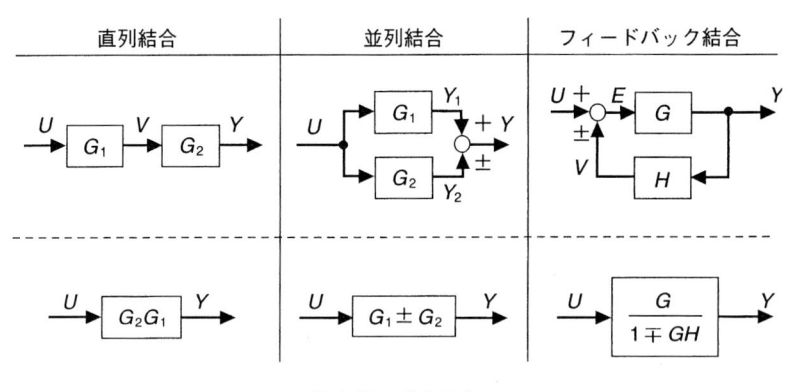

直列結合	並列結合	フィードバック結合
$U \to \boxed{G_1} \xrightarrow{V} \boxed{G_2} \to Y$	$U \to \boxed{G_1} \to Y_1, \boxed{G_2} \to Y_2, \; +Y, \pm$	$U \xrightarrow{+} \bigcirc \xrightarrow{E} \boxed{G} \to Y$, $V \leftarrow \boxed{H} \leftarrow$
$U \to \boxed{G_2 G_1} \to Y$	$U \to \boxed{G_1 \pm G_2} \to Y$	$U \to \boxed{\dfrac{G}{1 \mp GH}} \to Y$

図 6.11 基本結合

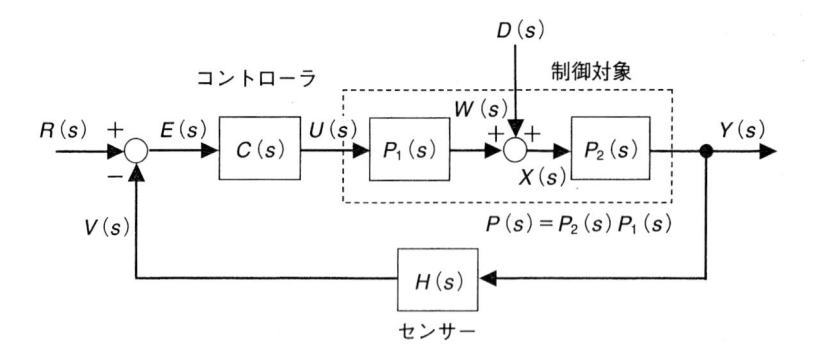

図 6.12 線形フィードバック制御系

$P(s) = P_2(s) P_1(s)$

6.4 プロセス制御系の解析

をそれぞれ目標値および外乱に関する**閉ループ伝達関数** (closed-loop transfer function) という．$T(s)$ および $T_d(s)$ の極は

$$1 + Q(s) = 0 \tag{6.18}$$

の根で与えられる．(6.18) 式をこのシステムの**特性方程式** (characteristic equation) という．開ループ伝達関数，閉ループ伝達関数および特性方程式は，制御系を解析し設計するうえできわめて重要な役割を果たす．

6.4.2 制御系の安定性

図 6.12 に示す線形フィードバック制御系の主要な目的は，目標値の変化に対して制御量をすばやく追従させることと，加えられた外乱に対してその影響をできる限り小さくすることにある．前者を**目標値追従**といい，後者を**外乱抑制**という．したがって，いずれの目的に対しても，任意の有界な目標値変化および外乱に対して制御量もまた有界になること，すなわち，この線形フィードバック制御系が安定であることは，最初に求められる要件である．この要件は，(6.15)～(6.17) 式および 6.3.1 項に示した「システムの安定条件」から，次のようにまとめることができる．

【線形フィードバック制御系の安定条件】

図 6.12 に示した線形フィードバック制御系は，$T(s)$ および $T_d(s)$ の極である特性方程式 (6.18) のすべての根が負の実数部をもつとき，そしてそのときに限って安定である． □

特性方程式のすべての根が負の実数部をもつかどうかは，(6.18) 式を解くことなく，$Q(j\omega)$ のベクトル軌跡からも判別することができる．これを**ナイキスト** (Nyquist) **の安定判別法**という．

【線形フィードバック制御系の安定条件：ナイキストの安定判別法】

$Q(s)$ のすべての極の実数部が負または 0 ならば，線形フィードバック制御系は，ω を 0 から $+\infty$ に変化させたとき $Q(j\omega)$ が描くベクトル軌跡が点 $-1 + j0$ を左にみれば安定，右にみれば不安定である．また，ちょうど

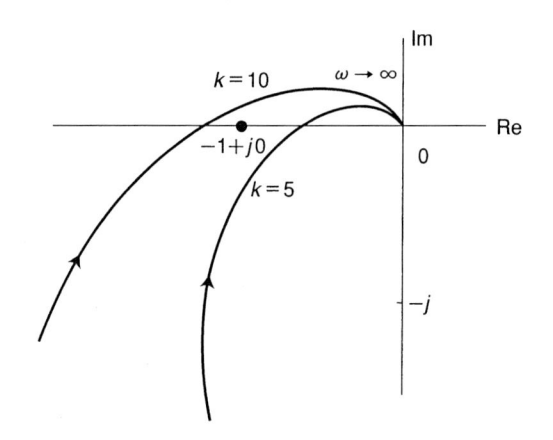

図6.13 ナイキストの安定判別法

$-1+j0$ を通れば安定限界である．　□

[**例題 6.3**]　開ループ伝達関数が
$$Q(s) = k/\{(10s+1)(12s+1)(15s+1)\}$$
で与えられる線形フィードバック制御系の安定性を，ナイキストの安定判別法を使って調べよ．ただし，$k = 5, 10$ とする．

[**解**]　$Q(s)$ の極は $-1/10, -1/12, -1/15$ で，いずれも負である．$k = 5, 10$ のときの $Q(j\omega)$ のベクトル軌跡を図6.13に示す．$k = 5$ のとき，$\omega: 0 \to \infty$ に対してベクトル軌跡は $-1+j0$ を左にみるので制御系は安定に，$k = 10$ のときベクトル軌跡はそれを右にみるので制御系は不安定となる．このことは，特性方程式 $1800s^3 + 450s^2 + 37s + 1 + k = 0$ からもわかる．3次方程式 $a_3 s^3 + a_2 s^2 + a_1 s + a_0 = 0$ のすべての根の実数部が負であるためには，"a_0, a_1, a_2, a_3 がすべて正で，$a_1 a_2 - a_0 a_3 > 0$ でなければならない"．これを適用すれば，$k < 8.25$ ならば制御系は安定となるが，これは上の結果とも一致する．■

安定に設計された制御系も現実には，制御対象や環境の変化のため，不安定に陥ってしまうこともある．したがって，制御系の解析・設計にあたっては，制御系の安定の度合いを見積もることも必要となる．図6.14に示すよ

6.4 プロセス制御系の解析

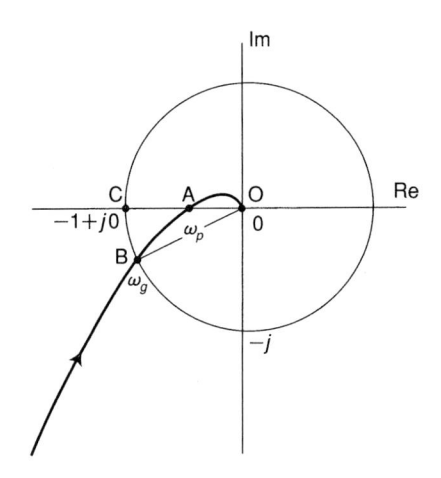

図 6.14 ゲイン余裕と位相余裕

うに，ω を 0 から $+\infty$ に変化させたとき $Q(j\omega)$ が描くベクトル軌跡が負の実軸を横切る点のうちで最も左端の点を A，原点を中心とする単位円を横切る点のうちで点 $-1+j0$ に最も近いものを B とする．このとき，安定度は次によって与えられる．

ゲイン余裕 (gain margin)：

$$G_m = 20\log_{10}\overline{\mathrm{OC}} - 20\log_{10}\overline{\mathrm{OA}} = -20\log_{10}|Q(j\omega_p)| \quad [\mathrm{db}] \quad (6.19)$$

位相余裕 (phase margin)：

$$P_m = \angle\mathrm{BOC} = \angle Q(j\omega_g) + 180° \quad (6.20)$$

これらは，$Q(j\omega)$ のベクトル軌跡がちょうど C 点を通る安定限界になるまで，どのくらい余裕があるかを示すものである．G_m および P_m をどの程度に選べばよいかは制御目的や制御対象によって異なる．プロセス制御では，経験的に次のような値が望ましいとされている．

$$G_m = 3 \sim 10 \ [\mathrm{db}], \quad P_m = 16 \sim 80 \ [\mathrm{deg}]$$

6.5 プロセス制御系の設計

6.5.1 制御系の制御特性

1) 定常特性

プロセス制御の主要な目的の一つは，6.4.2項に示したように目標値追従にあった．したがって，時間の経過とともに偏差 $e(t)$ が十分 0 に近づくことが必要となる．$d(t)=0$ とし，目標値変化に対する偏差を考えてみよう．図 6.12 に示すフィードバック制御系の偏差は (6.15) 式より

$$E(s) = R(s) - V(s) = \frac{1}{1+Q(s)}R(s) \qquad (6.21)$$

となる．プロセス制御では，目標値がステップ関数状に変化することが多い．$r(t) = u_s(t)$ のもとで時間が十分経過したのちの偏差 $e(t)$ は表 6.1 の最終値の定理から

$$e_p = \lim_{t\to\infty} e(t) = \lim_{s\to 0} s\frac{1}{(1+Q(s))}\frac{1}{s} = \lim_{s\to 0}\frac{1}{1+Q(s)} \qquad (6.22)$$

となる．e_p を**定常位置偏差**（**オフセット**；offset）という．e_p を 0 にするためには，$\lim_{s\to 0} Q(s) = \infty$ でなければならない．このためには，$Q(s) = \infty$ の根が，すなわち $Q(s)$ の極が $s=0$ に存在すればよい．したがって，図 6.12 のコントローラ $C(s)$ は $s=0$ に極をもつように設計されることが多い．

[**例題 6.4**] 図 6.12 に示す線形フィードバック制御系において，

$$P(s) = P_2(s)P_1(s) = \frac{1}{(5s+1)(s+1)}, \quad C(s) = K_P, \quad H(s) = 1$$

とし，目標値を $r(t) = u_s(t)$ で単位ステップ変化させたときの定常位置偏差の大きさを 0.05 以下に抑えたい．定数 K_P をどのように選べばよいか．

[**解**] 開ループ伝達関数は $Q(s) = K_P/\{(5s+1)(s+1)\}$ となる．これより，

$$e_p = \lim_{s\to 0} s\frac{1}{1+Q(s)}\frac{1}{s} = \frac{1}{1+Q(0)} = \frac{1}{1+K_P} \leq 0.05$$

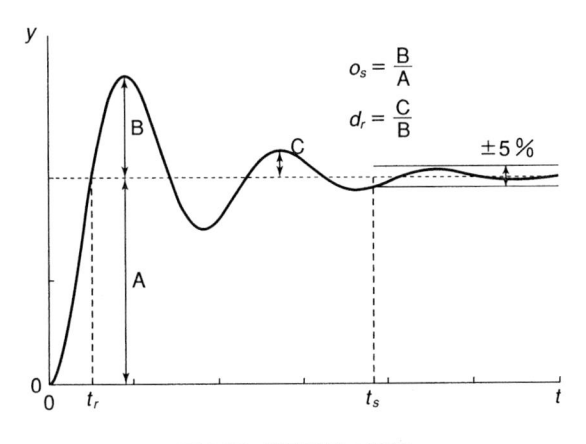

図 6.15 過渡特性の評価

となり，$K_P \geq 19$ でなければならない．　■

2) 過渡特性

特性方程式 (6.18) の根を p_i とすると，制御系の過渡特性は 6.3.1 項にも示したように $e^{p_i t}$ に支配される．したがって，望ましい過渡特性を得るためには，p_i を適切に設定しなければならない．化学プロセスを対象としたフィードバック制御系のステップ応答は，図 6.15 に示すように，振動的な過渡応答がしばらく続き，やがて目標値の近くに整定する場合が多い．応答の良し悪しを特徴付ける指標として，**行過ぎ量（オーバーシュート）** o_s，**減衰比** d_r，**応答時間** t_r，**整定時間** t_s がある．t_r, t_s は小さいことが望ましいが，o_s, d_r は適度な値をとることが望ましい．

6.5.2 制御系設計の考え方

速やかな目標値追従と外乱抑制が実現できるようなコントローラゲイン $|C(s)|$ の設定について考えてみよう．以下では，一般性を失うことなく $H(s) = 1$ とおく．

今，開ループゲイン $|Q(s)|$ を 1 に比べ十分大きくとると，すなわち

$$|Q(s)| \gg 1 \qquad (6.23)$$

とすると,目標値に関する閉ループ伝達関数 (6.16) 式は $T(s) \approx 1$ となる.このため,$Y(s)$ と $R(s)$ の関係は (6.15) 式から近似的に $Y(s) \approx R(s)$ となり,速やかな目標値追従が期待できる.また,(6.23) 式が成り立つならば,外乱に関する閉ループ伝達関数 (6.17) 式は $T_d(s) \approx 0$ となり,外乱が制御量に及ぼす影響も小さくできる.したがって,目標値追従と外乱抑制の両者に対して,$|Q(s)|$ を大きくすることが必要である.これは,$Q(s) = P(s)\,C(s)$ より $|C(s)|$ を大きくすることによって可能となる.しかし,[例題 6.3] でもみたように,$|C(s)|$ を大きくしすぎると $|Q(s)|$ が大きくなりすぎ,多くの場合,制御系は不安定になる.このため,制御系の設計では,$|C(s)|$ を適度な値にすることによって,速応性,外乱抑制と安定性との間で妥協を図ることが重要となる.

6.5.3 PID 制御系の設計

プロセス制御の現場で,現在,最も広く用いられている制御に **PID 制御** (proportional integral derivative control) がある.PID 制御は目標値追従および外乱抑制に優れた制御であり,実装も比較的容易である.PID 制御の制御則は次式で与えられる.

$$u(t) = K_P \Big\{ e(t) + \frac{1}{T_I} \int_0^t e(t)\,dt + T_D \frac{de(t)}{dt} \Big\} \qquad (6.24)$$

K_P を**比例ゲイン**,T_I を**積分時間**,T_D を**微分時間**という.PID 制御は望ましい制御特性を,(6.24) 式の右辺の第 1 項が表す比例動作 (P 動作),第 2 項が表す積分動作 (I 動作),および第 3 項が表す微分動作 (D 動作) に分担させるものである.それぞれの動作は次の役割を果たす.

P 動作:制御量を目標値に近づけるため,偏差の大きさに比例した操作量をつくり出し,適度な減衰性や安定度を与える.

I 動作:前述の定常偏差を 0 にするとともに,入力の低周波成分に関する

偏差を抑制する．

D 動作：現在の偏差からある程度将来の制御量の変化を予測した修正動作を行い，速応性を与える．

なお，温度制御などのような遅れが大きい制御系では，速応性を保証するため D 動作が必要であるが，流量制御などのように遅れが小さい制御系では，PI 動作で十分である．また，対象によっては P 動作のみで十分な場合もある．

K_P, T_I, T_D の調整法として現場でよく用いられているものに，次のような **ジーグラ・ニコルス（Ziegler-Nichols）の限界感度法** がある．

◇ **ジーグラ・ニコルスの限界感度法**

制御動作を P 動作のみとし，K_P を増加させながら初めて制御系内に一定振幅の振動が発生したときの K_P を K_{Pc}，その周期を P_c とする（安定限界に相当）．この K_{Pc}, P_c を使って，各パラメータを次のように設定する．

P 動作：$K_P = 0.5\, K_{Pc}$

PI 動作：$K_P = 0.45\, K_{Pc},\quad T_I = \dfrac{P_c}{1.2}$

PID 動作：$K_P = 0.6\, K_{Pc},\quad T_I = \dfrac{P_c}{2},\quad T_D = \dfrac{P_c}{8}$

[**例題 6.5**] ［例題 6.4］の線形フィードバック制御系において，比例制御に代えて積分制御 $C(s) = K_P/(T_I s)$（K_P, T_I は正数）を行うと，目標値がステップ変化しても定常位置偏差が生じないことを確かめよ．また，このときの制御系が安定になるためには，K_P/T_I をどのように選べばよいか．

[**解**] 開ループ伝達関数は $Q(s) = (K_P/T_I)/\{s\,(5s+1)(s+1)\}$ となり，

$$e_p = \lim_{s \to 0} s \frac{1}{1+Q(s)} \frac{1}{s} = 0$$

となることが確かめられる．また，特性方程式は $5s^3 + 6s^2 + s + K_P/T_I = 0$ となり，これに［例題 6.3］の解の中に示した条件を適用すると，制御系が安定であるた

めには $K_P/T_I<1.2$ でなければならないことがわかる. ■

　本章の執筆を進めるにあたり，参考書2)を随所で参考にさせていただいた. 同書は筆者が長年「プロセス制御」の教科書として活用してきたものであり,「プロセス制御」をじっくり学ぶための好書でもある. なお, 本章で記述できなかった多変数制御, モデル予測制御等については参考書3) などを参考にされたい.

● 実学としてのプロセス制御

　工場内のプロセスや工程の測定・制御用計器を集め, これらを運用・管理のために設備化することを計装という. 1960年ごろのわが国の計装システムのほとんどは, 空気圧の信号伝送を使った空気式であった. しかし, 設備・装置の大規模化・複雑化に伴い, 製品製造に直接関わるオンサイトに加え, 原料・製品の入荷・貯蔵・出荷や工場内インフラに関わるオフサイトの適切な運用・管理が重要となってきた. 化学産業の中核を担ってきた石油化学プラントにおいては, オンサイトではPID制御に代表される連続制御がその中心であった. しかし, オフサイトではプラント内の状況に応じて瞬時に論理的な運用・管理を進めていくディスクリート制御が中心であった. したがって, 時間遅れが大きい空気式計装システムでは, 十分対応できなくなってきた. このため, 計装システムは1960年代に入ると空気式から電子式に移行し, さらに60年代半ばにはコンピュータの活用が試みられた. そこでは, 理論上はコンピュータにその時々の最適な運転状態を求めさせ, それに従ってプラント全体の最適な運用・管理が実現できるはずであった. しかし, コンピュータのハード技術の著しい向上に比べ, 計装システムを操るソフトウェアと, それを支えるセンサー類の開発が未だ立ち遅れていたのが実情であった. これらについては松井潤吉氏の解説(『計装』50 (9), 2007)に詳しく述べられている. プロセスシステム工学の分野においても, 1970年ごろからコンピュータの活用を前提とした制御を含む運用・管理のための方法論

の開発が,積極的に進められた.そのなかで,一時は工場の無人化も指向されたが,今では省力化や運転支援等に重点が置かれている.

　制御工学は化学産業に限らず機械,電気,鉄鋼産業など多くの基幹産業を横断する工学分野であるが,プロセス制御は新たな制御理論の開発等を通じて制御工学に多大な貢献をしてきた.この理由として,「プロセス制御の対象は一般に時定数が大きいため複雑な制御が実現しやすい」という技術的な理由のほかに,「プロセス制御という分野は常に現場と一体となって進んできた」という背景もあげられる.

演習問題

[1] 1次遅れ要素 $G(s) = 1/(Ts+1)$, $T > 0$ のインパルス応答とステップ応答を求めよ.

[2] (6.15)〜(6.17)式を導け.

[3] 開ループ伝達関数が $Q(s) = k/\{s(2s+1)^2\}$ (k は定数)で表される制御系のゲイン余裕を10 dbにしたい.このときの k の値とそのときの周波数 ω_p の値を求めよ.

[4] 図6.12に示す線形フィードバック制御系において,
　　$P(s) = P_2(s)P_1(s) = 1/\{(s+1)^2(s+2)\}$, $C(s) = K_P$, $H(s) = 1$
とする.この制御系の安定条件を示せ.また,安定限界のときの K_P の値 K_{Pc} と,そのとき現れる振動の周期 P_c を求めよ.次に,ジーグラ・ニコルスの限界感度法を使って,PI動作を行わせるときの K_P と T_I の値を求めよ.

参　考　書

1) 松山久義・橋本伊織・西谷紘一・仲　勇治:『プロセスシステム工学』新体系化学工学,オーム社 (1992).
2) 松原正一:『プロセス制御』養賢堂 (1983).
3) 橋本伊織・長谷部伸治・加納　学:『プロセス制御工学』朝倉書店 (2002).

第7章 最適化

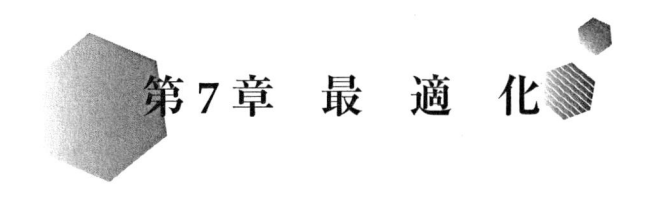

プロセスシステムの実現にあたっては，さまざまな局面において最適化に関わる意思決定を行うことが必要となる．数理計画法はこれを支援することができる工学手法であり，プロセス制御とともにプロセスシステム工学の重要な分野である．本章では，数理計画法のなかで最も基本的で，他の数理計画法の基礎をなす線形計画法について学ぶ．線形計画法の誕生は 1940 年ごろまでにさかのぼるが，適用範囲の広さは今でも際立っている．

使用記号

x：決定変数
y, z：目的関数
a, h：係数ベクトル
$p, \bar{p}$：定数ベクトル

7.1 線形計画問題の記述と性質

7.1.1 線形計画問題

システムがその目的に最も適切に適合するように何かの決定を行うことを，システムの**最適化** (optimization) という．システムの目的には二つのタイプがある．一つは製品の品質や廃棄物濃度などのように，その値をちょうど設定値に，またはそれ以下かそれ以上に保つものである．もう一つは生産費用や生産効率などのように，その値をできるだけ小さくまたは大きくするものである．最適化モデルでは，前者を**制約条件** (条件；constraint) といい，後者を**目的関数** (評価関数；objective function) という．このとき，システムの最適化問題は，"一組の数式で記述された制約条件の下で，目的関数を最

小または最大にする変数の値を求める問題"として定式化される．この種の問題を**数理計画問題**といい，その性質や解法を総称して**数理計画法**(mathematical programming) という．プロセス合成の問題は対象への依存度が高く，問題解決の体系化は一般に難しい．一方，プロセス設計の問題は数理的に扱われることも多く，そこでは数理計画法が重要な役割を果たす．

数理計画法のなかで最も基本的なものに，"制約条件を表すすべての数式と目的関数が変数の1次式である問題"を扱う**線形計画法**(linear programming) がある．線形計画法の理論は明快で，実用性もきわめて高い．以下では，次のような線形計画問題の性質とその解法について学ぶ．

【線形計画問題】

一組の等式および一組の不等式で表される制約条件

$$\begin{cases} a_{11}x_1 + a_{12}x_2 + \cdots + a_{1n}x_n = p_1 \\ \qquad\qquad\qquad \vdots \\ a_{\ell 1}x_1 + a_{\ell 2}x_2 + \cdots + a_{\ell n}x_n = p_\ell \end{cases} \qquad (7.1)$$

$$\begin{cases} a_{\ell+1,1}x_1 + a_{\ell+1,2}x_2 + \cdots + a_{\ell+1,n}x_n \leq p_{\ell+1} \\ \qquad\qquad\qquad \vdots \\ a_{m1}x_1 + a_{m2}x_2 + \cdots + a_{mn}x_n \leq p_m \end{cases} \qquad (7.2)$$

の下で，目的関数

$$z = c_1 x_1 + c_2 x_2 + \cdots + c_n x_n \qquad (7.3)$$

を最小（最大）にする $x_1, x_2, \cdots, x_n$ を求めよ．　□

$x_j\,(j=1,\cdots,n)$ を**決定変数**（**変数**；decision variable）といい，(7.1) 式と (7.2) 式を満たす x_j の組を**可能解**（**実行可能解**；feasible solution），可能解のなかで (7.3) 式を最小（最大）にするものを**最適解**(optimal solution) という．

[**例題 7.1**]　次の問題を線形計画問題に定式化せよ．

「ある化学工場では，2種類の製品 P_1 と製品 P_2 を生産している．**表 7.1**に示すように，P_1 を 1 t 生産するためには，2 t の原料 R_1 と 5 t の原料 R_2 を

表7.1 制約と利益

	製品 P_1	製品 P_2	利用可能量 (時間)
原料 R_1 [t]	2	3	42
原料 R_2 [t]	5	6	90
処理時間 [hr]	1	0.6	15
利益 [万円]	15	12	

ある設備で1時間処理しなければならない．同様に P_2 を1t生産するためには，3tの R_1 と6tの R_2 を同じ設備で0.6時間処理しなければならない．この工場で利用できる R_1 と R_2 の1日当たりの最大可能使用量はそれぞれ42t，90tであり，設備の1日当たりの最大可能処理時間は15時間である．P_1，P_2 の1t当たりの利益がそれぞれ15万円，12万円であるとき，1日の利益を最大にするような P_1 と P_2 の生産量を求めよ．」

[解]　[例題7.1]は P_1 と P_2 の生産量をそれぞれ x_1 および x_2 と置くことによって，次のような線形計画問題として定式化できる．

問題 P_1'：不等式で表される制約条件

$$\begin{cases} 2x_1 + 3x_2 \leq 42 \\ 5x_1 + 6x_2 \leq 90 \\ x_1 + (3/5)x_2 \leq 15 \end{cases} \tag{7.4}$$

および変数の符号に関する制約条件

$$x_1 \geq 0, \ x_2 \geq 0 \tag{7.5}$$

のもとで，目的関数

$$y = 15x_1 + 12x_2 \tag{7.6}$$

を最大にする x_1, x_2 を求めよ．■

線形計画問題の性質を調べるため，(7.4)式と(7.5)式を満たす可能解の集合が $x_1 x_2$ 平面につくる領域 F (五角形 OABCD) を図7.1に示す．これを**可能領域**(**実行可能領域**；feasible region) という．可能解がとる(7.6)式の最大値は，y の等高線を表す直線 $15x_1 + 12x_2 = c$ (c は定数) と領域 F が少なくとも一つの共通点をもつときの c の最大値で与えられる．問題 P_1' の最

7.1 線形計画問題の記述と性質

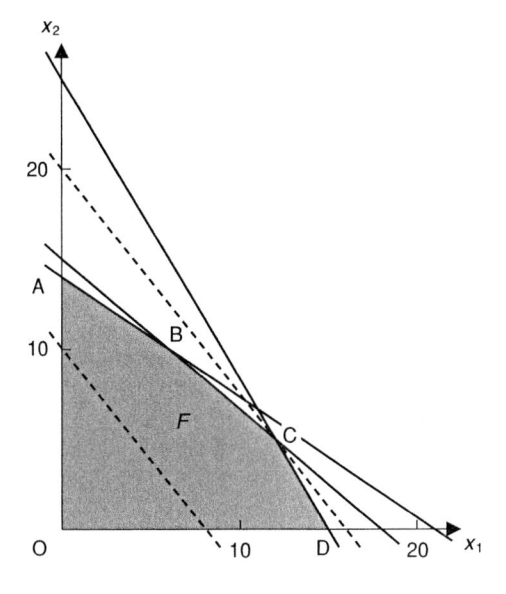

図 7.1 線形計画問題の例

適解は点 C に対応する $x_1 = 12$, $x_2 = 5$ となり,そのとき $y = 240$ となる.

領域 F が表す五角形の頂点 O,A,B,C,D を F の**端点**という.問題 P_1' は,2 変数の線形計画問題が最適解をもつならば,それは可能領域の端点に位置することを示唆している.事実,この性質は n 変数の線形計画問題についても成り立つ.したがって,線形計画問題の最適解は,可能領域の端点のみを探索することによって得ることができる.

7.1.2 問題の標準形

線形計画法の解説を始める前に,次のような**標準形** (standard form) といわれる"いくつかの等式条件とすべての変数に対する非負条件の下で,目的関数を最小にする問題"を定義しておく.

問題 P (標準形)：

m 個の等式で表される制約条件

$$\begin{cases} a_{11}x_1 + a_{12}x_2 + \cdots + a_{1n}x_n = p_1 \\ a_{21}x_1 + a_{22}x_2 + \cdots + a_{2n}x_n = p_2 \\ \qquad\qquad\qquad \vdots \\ a_{m1}x_1 + a_{m2}x_2 + \cdots + a_{mn}x_n = p_m \end{cases} \quad (7.7)$$

および n 個の変数に対する非負条件

$$x_j \geq 0, \ (j=1,\cdots,n) \qquad (7.8)$$

の下で，目的関数

$$z = c_1x_1 + c_2x_2 + \cdots + c_nx_n \qquad (7.9)$$

を最小にする $x_1, x_2, \cdots, x_n$ を求めよ． □

ただし，$n > m$ とし，(7.7)式の m 個の等式は互いに1次独立とする．

任意の線形計画問題は，次のようにして標準形に変換することができる．

i) 不等式条件 $a_{i1}x_1 + \cdots + a_{in}x_n \leq p_i$ は非負変数 $x_{n+1} (\geq 0)$ を使って，等式条件 $a_{i1}x_1 + \cdots + a_{in}x_n + x_{n+1} = p_i$ に置き換える．追加した x_{n+1} を**スラック変数** (slack variable) という．

ii) 非負条件をもたない変数 x_j は，二つの非負変数 $x_{j1}, x_{j2} (\geq 0)$ の差を使って，$x_j = x_{j1} - x_{j2}$ に置き換える．

iii) 目的関数を最大にする問題は，目的関数を (-1) 倍した関数をあらたに目的関数として最小化問題に置き換える．

以後，一般性を失うことなく，標準形の問題のみを扱うこととする．標準形への変換は変数の個数を増加させるが，それでもなお問題の解決を簡単にする大きな利点がある．

[**例題 7.2**] [例題 7.1] において定式化した問題 P_1' を標準形に変換せよ．

[**解**] 問題 P_1' は2変数の問題であったが，原料 R_1，原料 R_2，および処理時間の余裕を表すスラック変数 x_3, x_4, x_5 を使って，次のような5変数の標準形の問題に変換できる．

問題 P_1　制約条件

$$\begin{cases} 2x_1 + 3x_2 + x_3 = 42 \\ 5x_1 + 6x_2 + x_4 = 90 \\ x_1 + (3/5)x_2 + x_5 = 15 \end{cases} \quad (7.10)$$

$$x_1 \geq 0,\ x_2 \geq 0,\ x_3 \geq 0,\ x_4 \geq 0,\ x_5 \geq 0 \quad (7.11)$$

のもとで，目的関数

$$z = -15x_1 - 12x_2 \quad (7.12)$$

を最小にする $x_j\ (j = 1, 2, \cdots, 5)$ を求めよ．■

7.1.3　最適解の存在

連立 1 次方程式 (7.7) において，変数 x_j の m 個の係数を成分にもつベクトル $\boldsymbol{a}_j = (a_{1j}\ a_{2j}\ \cdots\ a_{mj})^{\mathrm{T}}$（T は転置を表す）を x_j の**係数ベクトル**という．係数ベクトルを使うと (7.7) 式は，

$$\boldsymbol{a}_1 x_1 + \boldsymbol{a}_2 x_2 + \cdots + \boldsymbol{a}_n x_n = \boldsymbol{p},\ \boldsymbol{p} = (p_1\ p_2\ \cdots\ p_m)^{\mathrm{T}} \quad (7.13)$$

と書ける．いま，n 個の係数ベクトル $\boldsymbol{a}_1, \boldsymbol{a}_2, \cdots, \boldsymbol{a}_n$ のなかの最初の m 個のベクトルが互いに 1 次独立であれば，これらから構成される m 次正方行列 $(\boldsymbol{a}_1\ \boldsymbol{a}_2\ \cdots\ \boldsymbol{a}_m)$ の逆行列を (7.7) 式の左からかけることによって，(7.7) 式を

$$\begin{cases} x_1 + h_{1,m+1}x_{m+1} + \cdots + h_{1n}x_n = \bar{p}_1 \\ x_2 + h_{2,m+1}x_{m+1} + \cdots + h_{2n}x_n = \bar{p}_2 \\ \vdots \\ x_m + h_{m,m+1}x_{m+1} + \cdots + h_{mn}x_n = \bar{p}_m \end{cases} \quad (7.14)$$

の形の連立 1 次方程式に変換することができる．(7.14) 式より，

$$x_j = \begin{cases} \bar{p}_j & j = 1, \cdots, m \\ 0 & j = m+1, \cdots, n \end{cases}$$

は明らかにもとの方程式 (7.7) 式の解となる．この解を $(x_1\ x_2\ \cdots\ x_m)$ を基底とする**基底解** (basic solution) といい，m 個の変数 $x_1, x_2, \cdots, x_m$ を**基底変数**，残り $(n-m)$ 個の変数 $x_{m+1}, x_{m+2}, \cdots, x_n$ を**非基底変数**という．また，$\bar{p}_j$

$\geq 0\ (j=1,\cdots,m)$ を満たす基底解は非負条件 (7.8) 式を満たすことより，これを**可能基底解**という．

連立 1 次方程式 (7.14) の i 番目の方程式の両辺をそれぞれ $c_i\ (i=1,\cdots,m)$ 倍し，これらすべてを (7.9) 式から得られる

$$z - c_1 x_1 - c_2 x_2 - \cdots - c_n x_n = 0$$

に加えると，次式を得ることができる．

$$z \qquad\qquad + \theta_{m+1} x_{m+1} + \cdots + \theta_n x_n = \bar{z} \qquad (7.15)$$

ここで，$\theta_j = \sum_{i=1}^{m} c_i h_{ij} - c_j\ (j=m+1,\cdots,n)$ であり，$\bar{z} = \sum_{i=1}^{m} c_i \bar{p}_i$ である．(7.14), (7.15) 式を**基底形式** (basic form) という．また，$\bar{p}_i \geq 0\ (i=1,\cdots,m)$ となる基底形式を**可能基底形式**という．なお，説明を簡単化するため，これまでは連立 1 次方程式 (7.7) において最初の m 個の項を基底変数項としたが，実際には基底変数はどこに位置しても構わない．しかし，どこに位置しようと，これまでとまったく同じ議論が成り立つ．

[**例題 7.3**]　[例題 7.2] 中の問題 P_1 において，$(x_1\ x_3\ x_4)$ を基底とする基底形式および基底解を求めよ．

[解]

$$(\boldsymbol{a}_1\ \boldsymbol{a}_3\ \boldsymbol{a}_4)^{-1} = \begin{bmatrix} 2 & 1 & 0 \\ 5 & 0 & 1 \\ 1 & 0 & 0 \end{bmatrix}^{-1} = \begin{bmatrix} 0 & 0 & 1 \\ 1 & 0 & -2 \\ 0 & 1 & -5 \end{bmatrix}$$

を (7.10) 式の両辺に左から掛けると

$$\begin{cases} x_1 + (3/5)x_2 & + x_5 = 15 \\ (9/5)x_2 + x_3 & - 2x_5 = 12 \\ 3x_2 & + x_4 - 5x_5 = 15 \end{cases} \qquad (7.16)$$

を得る．一方，(7.12) 式の右辺の各項を移項した式に方程式 (7.16) の第 1 番目の式を $c_1 (=-15)$ 倍した式，および第 2, 3 番目の式を $c = c_4 (= 0)$ 倍した式を加えると，

$$z \quad + 3x_2 \qquad - 15x_5 = -225 \qquad (7.17)$$

を得る．(7.16), (7.17) 式が $(x_1\ x_3\ x_4)$ を基底とする基底形式であり，これが表す基底解は $x_1 = 15$, $x_3 = 12$, $x_4 = 15$（基底変数），$x_2 = 0$, $x_5 = 0$（非基底変数）で，そのときの z の値は -225 であることがわかる．なお，この問題 P_1 にはこの基底解も含め，次の 10 個の基底解が存在する．

$$\begin{bmatrix} x_1 \\ x_2 \\ x_3 \\ x_4 \\ x_5 \end{bmatrix} = \begin{bmatrix} 12 \\ 5 \\ 3 \\ 0 \\ 0 \end{bmatrix}, \begin{bmatrix} 6 \\ 10 \\ 0 \\ 0 \\ 3 \end{bmatrix}, \begin{bmatrix} 15 \\ 0 \\ 12 \\ 15 \\ 0 \end{bmatrix}, \begin{bmatrix} 0 \\ 14 \\ 0 \\ 6 \\ 33/5 \end{bmatrix}, \begin{bmatrix} 0 \\ 0 \\ 42 \\ 90 \\ 15 \end{bmatrix}, \begin{bmatrix} 11 \\ 20/3 \\ 0 \\ -5 \\ 0 \end{bmatrix}, \begin{bmatrix} 75/4 \\ 0 \\ 9/2 \\ 0 \\ -15/4 \end{bmatrix}, \begin{bmatrix} 21 \\ 0 \\ 0 \\ -15 \\ -6 \end{bmatrix}, \begin{bmatrix} 0 \\ 25 \\ -33 \\ -60 \\ 0 \end{bmatrix}, \begin{bmatrix} 0 \\ 15 \\ -3 \\ 0 \\ 6 \end{bmatrix}$$

これらの基底解のうち，最初の 5 個のみが可能基底解である．これらは図 7.1 に示した可能領域 F の端点 C,B,D,A,O に順に対応している．■

[例題 7.3] が示すように，可能領域の端点は可能基底解として得ることができる．したがって，標準形の線形計画問題 P について，次が成り立つ．

【最適解の存在】

問題 P に最適解が存在するならば，必ず可能基底解のなかにも最適解が存在する．□

問題 P の基底解の個数はたかだか ${}_nC_m$ 個である．したがって，これより最適解が存在するならば，それは有限個の可能基底解のみを調べることによって得ることができる．

7.2　線形計画問題の解法

7.2.1　解法の考え方

基底形式をあらためて次のように書く．

$$\begin{cases} h_{11}x_1 + h_{12}x_2 + \cdots + h_{1n}x_n = \bar{p}_1 \\ h_{21}x_1 + h_{22}x_2 + \cdots + h_{2n}x_n = \bar{p}_2 \\ \quad\vdots \\ h_{m1}x_1 + h_{m2}x_2 + \cdots + h_{mn}x_n = \bar{p}_m \end{cases} \quad (7.18)$$

$$z + \theta_1 x_1 + \theta_2 x_2 + \cdots + \theta_n x_n = \bar{z} \quad (7.19)$$

方程式 (7.18) の係数ベクトル $h_1, h_2, \cdots, h_n$ のなかには m 個の単位ベクトル e_i (i 番目の成分が 1 で残りが 0 のベクトル) ($i = 1, \cdots, m$) が含まれており，(7.19) 式の係数 $\theta_1, \theta_2, \cdots, \theta_n$ のなかには少なくとも m 個の 0 が含まれている．基底形式 (7.18), (7.19) の係数と右辺の値を**表 7.2** のように並べた表を**シンプレックス表（シンプレックス・タブロー**；simplex tableau）という．シンプレックス表の表し方はさまざまであるが，本書では章末の参考書 1) に従う．(7.16) 式および (7.17) 式が表す $(x_1\ x_3\ x_4)$ を基底とする基底形式のシンプレックス表を**表 7.3** に示す．

基底形式を使って基底解を表すと，問題 P の性質や解法を見通しよく論じることができる．最適解の存在性および解の最適性は，基底形式のなかに現れる係数 h_{ij} と θ_j から容易に判別することができる．したがって，問題 P はこれらの係数に注意しながら，可能基底形式を繰り返し生成することによって求めることができる．解の探索を効率よく進めるためには，よりよい可能基底形式を機械的に生成することが必要となる．このための計算法を**軸演算（ピボット演算**；pivot operation）という．

表 7.2 シンプレックス表

基底	x_1	x_2	$\cdots$	x_n	右辺
x_{b_1}	h_{11}	h_{12}	$\cdots$	h_{1n}	$\bar{p}_1$
x_{b_2}	h_{21}	h_{22}	$\cdots$	h_{2n}	$\bar{p}_2$
$\vdots$	$\vdots$	$\vdots$	$\cdots$	$\vdots$	$\vdots$
x_{b_m}	h_{m1}	h_{m2}	$\cdots$	h_{mn}	$\bar{p}_m$
z	θ_1	θ_2	$\cdots$	θ_n	$\bar{z}$

表 7.3 [例題 7.3] のシンプレックス表

基底	x_1	x_2	x_3	x_4	x_5	右辺
x_1	1	3/5	0	0	1	15
x_3	0	9/5	1	0	-2	12
x_4	0	3	0	1	-5	15
z	0	3	0	0	-15	-225

7.2 線形計画問題の解法

表 7.4 軸演算の手順

	行	基底	⋯	x_u	⋯	x_j	⋯	右辺
軸演算前	⋮ k ⋮ i ⋮	⋮ $x_{b_k}=x_t$ ⋮ x_{b_i} ⋮	⋯ ⋯ ⋯ ⋯ ⋯	⋮ h_{ku} ⋮ h_{iu} ⋮	⋯ ⋯ ⋯ ⋯ ⋯	⋮ h_{kj} ⋮ h_{ij} ⋮	⋯ ⋯ ⋯ ⋯ ⋯	⋮ $\bar{p}_k$ ⋮ $\bar{p}_i$ ⋮
	$m+1$	z	⋯	θ_u	⋯	θ_j	⋯	$\bar{z}$
軸演算後 ① ② ③	⋮ k ⋮ i ⋮ $m+1$	⋮ $x_{b_k}=x_u$ ⋮ x_{b_i} ⋮ z	⋯ ⋯ ⋯ ⋯ ⋯ ⋯	⋮ 1 ⋮ 0 ⋮ 0	⋯ ⋯ ⋯ ⋯ ⋯ ⋯	⋮ $h_{kj}/h_{ku}=\delta_j$ ⋮ $h_{ij}-h_{iu}\delta_j$ ⋮ $\theta_j-\theta_u\delta_j$	⋯ ⋯ ⋯ ⋯ ⋯ ⋯	⋮ $\bar{p}_k/h_{ku}=\gamma$ ⋮ $\bar{p}_i-h_{iu}\gamma$ ⋮ $\bar{z}-\theta_u\gamma$

表 7.4 に示すように,k 番目の基底変数である x_t を基底から除き,代わりに非基底変数 x_u を基底に入れた可能基底形式を生成する軸演算は次のようである.ただし,$h_{ku} \neq 0$ である.

◇ **軸演算の手順**

① k 番目の行を h_{ku} で割り,これを新しい第 k 行とする.
② $i \neq k$ であるすべての i ($1 \leq i \leq m$) について,第 i 行から① で求めた第 k 行を h_{iu} 倍して引くことによって,新しい第 i 行をつくる.
③ 目的関数を表す第 $m+1$ 行から,① で求めた第 k 行を θ_u 倍した行を引くことによって,新しい第 $m+1$ 行をつくる. □

k 番目の行と x_u の列との交点にある成分 h_{ku} を**軸**(ピボット)という.

7.2.2 シンプレックス法

軸演算を繰り返しながら問題 P を解く方法を**シンプレックス法**(**単体法**;simplex method)という.シンプレックス法は 1947 年にダンツィッヒ(Dantzig)によって提案された解法であり,現在でも最も広く使われている.

その手順を次に示す.

◇ シンプレックス法

Step 1：すべての $\theta_j\,(j=1,\cdots,n)$ のなかから最大の θ_u を求める. $\theta_u \leq 0$ ならば，現在の可能基底形式が表す基底解が最適であるため，探索を終了する. そうでなければ，Step 2 に進む.

Step 2：Step 1 で求めた θ_u の添え字 u に対して，すべての $h_{iu}\,(i=1,\cdots,m)$ が $h_{iu} \leq 0$ であれば，問題 P に最適解は存在しないため終了する. そうでなければ，Step 3 に進む.

Step 3：$h_{iu} > 0$ であるすべての h_{iu} について $\bar{p}_i/h_{iu}$ を算出し，それらのなかから最小となる $\bar{p}_k/h_{ku}$ の添え字 k を求め，h_{ku} を軸とする軸演算を行う. これによって，x_u をあらたな k 番目の基底変数にもつ新しい可能基底形式が得られる. Step 1 にもどる. □

なお，シンプレックス法の実行にあたっては，最初に用いる可能基底形式を求めておくことが必要となる. しかし，問題の規模が大きくなると，可能基底形式そのものが存在するかどうか，存在してもいかにそれを求めるか，が問題となる. このための方法については他書を参考にされたい.

[例題 7.4] シンプレックス法を使って，[例題 7.2] のなかの問題 P_1 を解け.
[解] シンプレックス法を適用すると，**表 7.5** の結果が得られる. これより，P_1 を 12 t, P_2 を 5 t 生産すると最大利益 240 万円が得られる. ■

本章を執筆するにあたり，表記方法は参考書 1) を参考にさせていただいた. 同書は線形計画法の基本をわかりやすく，しかも厳密に記述した好書であり，入門者ばかりでなく専門家にも参考となるところが大きい. なお，本章では対象を線形計画法に限ったが，他の数理計画法については参考書 2)，3) 等を参考にされたい.

7.2 線形計画問題の解法

表 7.5 [例題 7.2] の解決

基底	x_1	x_2	x_3	x_4	x_5	右辺
x_3	2	3	1	0	0	42
x_4	5	6	0	1	0	90
x_5	1	3/5	0	0	1	15
z	15	12	0	0	0	0
x_3	0	9/5	1	0	-2	12
x_4	0	3	0	1	-5	15
x_1	1	3/5	0	0	1	15
z	0	3	0	0	-15	-225
x_3	0	0	1	$-3/5$	1	3
x_2	0	1	0	1/3	$-5/3$	5
x_1	1	0	0	$-1/5$	2	12
z	0	0	0	-1	-10	-240

ソフトウェアと特許

　線形計画法の分野において，シンプレックス法はその解法としての明快さと強力さでは他に抜きん出ており，長年，その主役の地位を独占してきた．しかし，1984 年にカーマーカー (Karmarker) によって発表されたカーマーカー法はシンプレックス法のこの地位を脅かしたばかりか，「数学は特許になり得るか」という新たな問題を突きつけた．この背景には，カーマーカーが所属していた AT&T 社が，当時 IT 分野で熾烈な競争を強いられていたことがあった．1988 年，米国特許庁はカーマーカー特許の認定に踏み切ったが，これに対して，カーマーカー特許は特許の要件である自然法則を利用するものではないとして，わが国からもいくつかの異議申し立てが相次いで提出された．しかし，「カーマーカー法はたぶんに数学ではあるが，対象は物理量として表現できる社会資源の配分に関わるものである」との見解から，いずれの異議申し立ても却下された．これらの詳細は，今野 浩 氏（東京工業大学名誉教授）の著書（『カーマーカー特許とソフトウェア』中公新書, 1995) のなかに書かれている．この問題は，これまで特許とは無縁であった数学の

特許認定の是非を通じて，数学が私たちの日常の場においても身近に役立つ道具であることをあらためて再認識させるものであった．

演習問題

[1] 次の問題を標準形の線形計画問題に変換せよ．また，シンプレックス法を用いて解け．
 "条件： $-x_1 + x_2 + 3x_3 = 4$, $-4x_1 - 2x_3 \leq 3$, $3x_1 - 4x_3 \leq 7$, $x_1, x_2 \geq 0$
のもとで，$z = 12x_1 + 5x_3$ を最小にせよ．"

参 考 書

1) 古林 隆：『線形計画法入門』講座・数理計画法 2, 産業図書 (1980).
2) 西川禕一・三宮信夫・茨木俊秀：『最適化』岩波講座情報科学 19, 岩波書店 (1982).
3) 坂和正敏：『数理計画法の基礎』森北出版 (1999).

全体の内容に関する参考書リスト

橋本健治：『ベーシック化学工学』化学同人 (2006).
化学工学の初学者や他分野の技術者向けに，収支と反応，分離操作をまとめた入門的参考書.

化学工学会編：『化学工学 －解説と演習－』第3版，槇書店 (2006).
化学工学のほぼ全ての分野を含み，例題と演習問題が豊富で，初学者から化学工学を専門とする学生までを対象とする.

化学工学会編：『基礎化学工学』培風館 (2004).
化学工学の全般をカバーする．化学工学を専門とする学生や技術者向け.

酒井清孝・松本健志・望月精一・谷下一夫・氏平政伸・石黒 博・吉見靖男・小堀 深：『化学工学』朝倉書店 (2005).
化学工学の初学者を対象に，流れ，熱・物質の移動と反応工学をカバーする．人体に関わる事例が多いのが特徴.

松本道明・薄井洋基・三浦孝一・加藤滋雄・福田秀樹：『標準 化学工学』化学同人 (2006).
プロセス制御以外の化学工学の分野を網羅し，数式の導出を丁寧に記述.

化学工学会編：『化学工学辞典』改訂2版，丸善 (1997).
用語等の詳しい解説が示されている.

化学工学会編：『化学工学便覧』改訂6版，丸善 (1999).
化学工学の全分野において，より詳細な内容をまとめたもの.

演習問題解答

第1章

[1] (1) 1.2×10^{-3} kg m^{-3}　(2) 300 K　(3) 5.436 kJ s^{-1}　(4) 0.014 km s^{-1}

[2] (1) LT^{-2}　(2) MLT^{-2}　(3) $ML^{-1}T^{-2}$　(4) ML^2T^{-2}

[3] 30 kg　[4] 0.245 m^3 s^{-1}

[5] 濃度を wt% から mol% に変換することが必要．例えばエタノール 20 wt% の溶液は，$(0.2)(46)(100)/\{(0.2)(46)+(0.8)(18)\} = 39.0$ mol% となる．収支式を解いて，塔底から得られる液流量 405.3 kg^{-1}，この液のエタノール濃度 2.46 wt%．

[6] 35.6 kg　[7] (1) 150 mol h^{-1}　(2) NH$_3$, NO の流量 70.6 kg h^{-1}

[8] メタノールは CO + 2H$_2$ → CH$_3$OH の反応で生成する．フロー図を描き各フローの組成と流量を表にして求める．
(1) CO : 4.77 mol h^{-1}　H$_2$: 9.54 mol h^{-1}　(2) 4.77 mol h^{-1}　(3) 省略

[9] 水蒸気は凝縮して 373 K の水になり，さらに 313 K になる．このときの潜熱分と顕熱分の変化が加熱される水の顕熱変化と等しいとおいて求める．必要な水蒸気流量は 70 kg．

第2章

[1] 省略．式 (2.21) までの導出過程を見よ．

[2] タンクの断面積を A_t，流体出口の断面積を A_e とする．微小時間 Δt に水深 ΔH 変化するとし，流体体積の微分収支を考えると，

$$A_t \Delta H = Q \Delta t$$
$$= A_e \sqrt{2gH}\, \Delta t$$

$dt = \dfrac{A_t}{A_e\sqrt{2g}} H^{-\frac{1}{2}} dH$ となるので，

$$\int_0^t dt = \int_0^h \frac{A_t}{A_e\sqrt{2g}} H^{-\frac{1}{2}} dH$$

$A_t = 20$, $A_e = 0.25$, $h = 3.0$ を代入し計算を実行すると，
$t = 15.6 = 16$ s

[3] 質量当たりの損失エネルギー E_{loss} と圧力損失 Δp の関係は，

$$E_{\text{loss}} = \frac{\Delta p}{\rho} = K\frac{v^2}{2} \ [\text{J kg}^{-1}]$$

$$\Delta p = K\frac{\rho v^2}{2} = \frac{(0.55)(1000)(4^2)}{2}$$

$$= 4400 \text{ Pa}$$

時間当たりのエネルギー損失 $\dot{E}_{\text{loss}}$ は
$\dot{E}_{\text{loss}} = (E_{\text{loss}})(\rho Q) = (\Delta p)(Q)$

$$Q = \frac{\pi D^2}{4}v = \frac{(3.14)(0.5)^2}{4}(4) = 0.785$$

よって $\dot{E}_{\text{loss}} = (4400)(0.785) = 3500$ W

[4] 流れによる圧力損失 ρE_{loss} と位置（ヘッド）上昇分 Δp_H との和をポンプの動力が与えると考える．式 (2.46) より，流れによる圧力損失は

$$\rho E_{\text{loss}} = f\frac{L}{D}\frac{\rho v^2}{2}$$

$$v = (0.01)/\left(\frac{\pi D^2}{4}\right) = 5.09 \text{ m s}^{-1}$$

$$\rho E_{\text{loss}} = (0.02)\frac{(50)}{(0.05)}(1000)\frac{(5.09)^2}{2} = 2.59 \times 10^5 \text{ Pa}$$

また $\Delta p_H = \rho gH$ から
$\Delta p_H = (1000)(9.81)(20) = 1.96 \times 10^5$ Pa
したがって，流体に与える動力は
$(\rho E_{\text{loss}} + \Delta p_H)Q = (2.59 \times 10^5 + 1.96 \times 10^5)(0.01) = 4550 = 4600$ W
よって，必要なポンプ動力 P は

$$P = \frac{(4550)}{(0.7)} = 6500 \text{ W}$$

第3章

[1] 60℃の水の物性値から，$Pr = 3.02$, $\rho = 983$, $\mu = 4.7 \times 10^{-4}$, $\lambda = 0.651$

$$Re = \frac{(0.05)(983)(0.2)}{(4.7 \times 10^{-4})} = 20900$$

$$Nu = \frac{hd}{\lambda} = (0.023)(20900)^{0.8}(3.02)^{0.4} = 102$$

したがって，熱伝達係数は

$$h = \frac{(0.651)(102)}{(0.05)} = 1328 = 1330 \ \mathrm{W\,m^{-2}\,K^{-1}}$$

[2] 断熱材を巻いたときの放熱量を q_i，巻かないときの放熱量を q_0，円管中心からの断熱材表面までの半径を $r(=r_0+L)$，円管表面温度を T_0，断熱材表面温度を T，周辺温度を T_a とする．放熱量 q_i は，

$$q_i = \frac{2\pi L(r-r_0)}{\ln(r/r_0)} \cdot \lambda \frac{T_0 - T}{(r-r_0)} = \frac{2\pi L \lambda}{\ln(r/r_0)} T_0 - T$$

$$q_i = 2\pi r L \cdot h (T - T_a)$$

上式から，

$$(T_0 - T) = \frac{q_i \cdot \ln(r/r_0)}{2\pi \lambda L}$$

$$(T - T_a) = \frac{q_i}{2\pi r L h}$$

上式の辺々を加えると，

$$(T_0 - T_a) = \frac{q_i}{2\pi L}\left(\frac{\ln(r/r_0)}{\lambda} + \frac{1}{hr}\right) \quad \text{となる．したがって}$$

$$q_i = \frac{2\pi L(T_0 - T_a)}{\dfrac{\ln(r/r_0)}{\lambda} + \dfrac{1}{hr}} \quad \cdots \text{(a)}$$

断熱材を施さない場合の放熱量 q_0 は，

$$q_0 = 2\pi r_0 L \cdot h(T_0 - T_a) \quad \cdots \text{(b)}$$

式 (a) と式 (b) の q が同じになるときの r が，必要最小限の断熱材厚みを含む半径である．

[3] $Re = \dfrac{Du\rho}{\lambda} = \dfrac{Du}{\nu} = \dfrac{(0.1)(10)}{(2.3 \times 10^{-5})} = 4.34 \times 10^4$

表 3.3 中の円管に直角の流れに対する関係式のうち，適用可能な関係式は

$Nu = 0.27\, Re^{0.6}\, Pr^{1/3}$
  $= (0.27)(4.34 \times 10^4)^{0.6}(0.7)^{1/3} = 145$
$Nu = \dfrac{hD}{\lambda} = 145$ より，$h = 46.4$
$h(T - 30) = 600$ であるから，$T = 42.9 = 43\,°\mathrm{C}$

[4] 温度計の温度を T_p，大気温度を T_a，壁温度を T_w，温度計の表面積を A，温度計まわりの熱伝達率を h とする．
$hA(T_a - T_p) = \sigma A\varepsilon(T_p^4 - T_w^4)$ であるから，

$$10(T_a - 293) = (5.67)(0.8)\left\{\left(\dfrac{293}{100}\right)^4 - \left(\dfrac{276}{100}\right)^4\right\}$$

よって，$T_a = 300\,\mathrm{K} = 27\,°\mathrm{C}$

第4章

[1] この混合物の沸点を仮定して，アントワン式により各成分の蒸気圧を求める．蒸気相の分圧の和が 101.3 kPa になるように沸点を試行錯誤により求めると，357.1 K となる．このときの蒸気中のメタノール組成は 61.6 mol% となる．

[2] (1) $y = \dfrac{1.26\,x_\mathrm{A}}{1 + 1.26\,x_\mathrm{A}}$ (2) ベンゼンの留出液組成 64 mol%，缶出液組成 36 mol%

[3] 留出液流量 357.6 kg h^{-1}，缶出液流量 342.4 kg h^{-1}

[4] x-y 線図を描き，図上でマッケイブ-シーレ法を行う．最小還流比を与える直線の傾き (0.684) もしくは切片 (0.3) より，最小還流比を求める．還流比は 4.3，所要理論段数 (リボイラー含む) は 10.2 段となる．(曲線の描き方により多少前後する．)

[5] K : 4420 MPa，H : 7.98×10^4 Pa m^3 mol^{-1}，m : 4.36×10^4

[6] (1) 液：41.7 kmol m^{-2} h^{-1}，ガス：45.4 kmol m^{-2} h^{-1} (2) 出口ガス中の NH$_3$ 流量を求めて収支をとる．NH$_3$ 濃度 (モル分率) 0.173，回収率 (モル基準)：96 %

[7] (1) 113.7 kmol m^{-2} h^{-1} (2) 84.8 kmol m^{-2} h^{-1} (3) 操作線と平衡線が直線で描かれるので，(4.49) 式が利用できる．移動単位数：4.3

第5章

[1] $R_A = -a_1R_1 - a_3R_3$
$R_B = -b_1R_1 - b_2R_2 + b_3R_3$
$R_C = -c_2R_2$
$R_S = s_1R_1 - s_2R_2$
$R_T = t_2R_2 - t_3R_3$
$R_U = u_2R_2 + u_3R_3$

[2] 53.6 kJ mol^{-1}

[3] $k_1 C_E C_A = k_1' C_{EA}$, $C_{E,0} = C_E + C_{EA}$, $C_{EA} = C_{E,0} C_A/(K_m' + C_A)$, ただし, $K_m' = k_1'/k_1$, $k_2 C_{E,0} = V_{max}$ とおくと $(-r_A) = k_2 C_{EA} = k_2 C_{E,0} C_A/(K_m' + C_A)$ $= V_{max} C_A/(K_m' + C_A)$

[4] 0.60

[5] $(-r_A) = kC_A - k'C_B$, $K = k/k' = X_{A,e}/(1 - X_{A,e})$, $X_{A,e} = K/(1+K) = 1/(1 + 1/K)$
$(-r_A) = -dC_A/dt = C_{A,0} dX_A/dt = kC_{A,0}(1 - X_A) - k'C_{A,0}X_A = kC_{A,0}\{(1 - X_A) - X_A/K\}$
したがって, $dX_A/dt = k\{1 - (1 + 1/K)X_A\}$ 変数分離して積分すると,
$-\ln\{1 - (1 + 1/K)X_A\} = k(1 + 1/K)t$, $-\ln(1 - X_A/X_{A,e}) = kt/X_{A,e}$

[6] $dC_R/dt = 0$, $C_{A,0} k_1 [-k_1 \exp(-k_1 t) + k_2 \exp(-k_2 t)]/(k_2 - k_1) = 0$
$k_1 \exp(-k_1 t_{max}) = k_2 \exp(-k_2 t_{max}) : t_{max} = \{\ln(k_2/k_1)\}/(k_2 - k_1)$
t_{max} を式 (5.7) に代入 : $C_{R,max} = C_{A,0}(k_1/k_2) \exp(-k_1 t_{max})$,
$C_{R,max} = C_{A,0}(k_2/k_1)^{-k_2/(k_2 - k_1)}$
$t_{max} = 6 \text{ s}$, $C_{R,max} = 81 \text{ mol m}^{-3}$

[7] $C_A = 17.5 \text{ mol m}^{-3}$, $C_R = 52.5 \text{ mol m}^{-3}$

[8] $V = 0.590 \text{ m}^3$

[9] 100 倍

第6章

[1] (6.8), (6.9) 式より, インパルス応答とステップ応答は次のようになる.
インパルス応答 : $y(t) = e^{-t/T}/T$, ステップ応答 : $y(t) = 1 - e^{-t/T}$

[2] 図 6.12 のなかの各変数の関係は
$E(s) = R(s) - V(s)$, $U(s) = C(s)E(s)$, $W(s) = P_1(s)U(s)$
$X(s) = W(s) + D(s)$, $Y(s) = P_2(s)X(s)$, $V(s) = H(s)Y(s)$
である.これらより,$E(s), U(s), W(s), X(s), V(s)$ を消去し,$R(s), D(s), Y(s)$ の間の関係を求めると (6.15)〜(6.17) 式を得る.

[3] $Q(j\omega)$ のゲインと位相角はそれぞれ
$|Q(j\omega)| = K/[\omega\{1 + (2\omega)^2\}]$ … ① $\angle Q(j\omega) = -90° - 2\tan^{-1}(2\omega)$ … ②
で与えられる.ここで,$\angle Q(j\omega_p) = -180°$ より,② から $\omega_p = 1/2$ が得られる.一方,このときのゲインは,① から $|Q(j\omega_p)| = k$ となる.ここで,位相余裕が 10 db であること,すなわち $G_m = -20\log_{10} k = 10$ より,$k = 1/\sqrt{10}$ が得られる.

[4] 特性方程式は分母を払って整理すると $s^3 + 4s^2 + 5s + 2 + K_P = 0$ となり,安定条件として $K_P < 18$ が得られる.このため,$K_{Pc} = 18$ となり,このときの特性方程式は $s^3 + 4s^2 + 5s + 20 = (s+4)(s^2+5) = 0$ に,極は $-4, \pm j\sqrt{5}$ となる.これより $P_c = 2\pi/\sqrt{5} = 2.8$ となり,PI 動作での K_P と T_I はジーグラ・ニコルスの限界感度法を適用すると,$K_P = 0.45 K_{Pc} = 8.1$,$T_I = P_c/1.2 = 2.3$ となる.

第 7 章

[1] $x_3 = x_{31} - x_{32}$ とおくと,問題 P は次のような標準形に変換される.
"条件
$$-x_1 + x_2 + 3x_{31} - 3x_{32} = 4$$
$$-4x_1 - 2x_{31} + 2x_{32} + x_4 = 3$$
$$3x_1 - 4x_{31} + 4x_{32} + x_5 = 7$$
$$x_1, x_2, x_{31}, x_{32}, x_4, x_5 \geq 0$$
のもとで,$z = 12x_1 + 5x_{31} - 5x_{32}$ を最小にせよ."
また,これにシンプレックス法を適用すると,$x_1 = 0$, $x_2 = 8.5$, $x_3 = -1.5$ のとき最小値 $z = -7.5$ が得られる.

索　引

ア

圧力損失　49
アレニウス式　131
アレニウスプロット　131
安定　165
アントワン式　90

イ

イオン交換膜　119
位相角　166
位相余裕　177
1次遅れ要素　169
移動単位数　111
移動単位高さ　112
インパルス応答　164

ウ

ウィーンの変位則　73
渦動粘性係数　38
運動量保存則　44

エ

SI単位　2
エネルギー効率　80
エネルギー収支　7
エネルギー保存則　42
エンタルピー　24

オ

オフセット　178
オリフィス　46

カ

温度境界層　66
温度効率　80
温度伝導率　66

回分操作　8
回分反応器　138
　——の設計式　142
外乱　158
開ループ伝達関数　173
化学反応の速度　129
角関係　76
拡散　103
核沸騰　70
活性化エネルギー　131
活量係数　91
過渡応答　163
可能解　185
可能基底解　190
可能基底形式　190
可能領域　186
管摩擦係数　50
還流　95
還流比　97

キ

気液平衡　88
基底解　189
基底形式　190
擬定常状態の近似　131
基底変数　189
ギブズの標準反応自由エネルギー　129

ク

逆浸透法　119
吸収率　72
q線　99
凝縮熱伝達　72
境膜　104
極　164
キルヒホッフの法則　73

空間時間　144
空塔速度　108, 144
グラスホフ数　68
クロスフロー沪過　114

ケ

形態係数　76, 84
ゲイン　166
ゲイン余裕　177
ケーク　114
決定変数　185
限外沪過　119
減衰比　170
限定反応成分　15
顕熱　25

コ

向流　107
固有角周波数　170

サ

最小液流量　108

索　引

最小還流比　102
最小理論段数　101
最適化　184
最適解　185

シ

CSTRの設計式　144
ジーグラ・ニコルスの
　限界感度法　181
時間因子　146
軸演算　192
次元　4
自触媒反応　150
次数　160
質量保存則　41
時定数　169
射出能　73
充填塔　107
周波数応答　166
収率　16,140
出力　159
出力方程式　160
主流　65
蒸気圧　90
状態　159
状態方程式　160
触媒有効係数　136
シンプレックス表　192
シンプレックス法　194

ス

推進力　104
数理計画法　185
ステップ応答　164
ステファン−ボルツマン
　定数　74
ステファン−ボルツマン

の法則　74
スラック変数　188
スラリー　114

セ

静圧　43
制御量　157
静止流体圧　43
精密沪過　119
制約条件　184
積分時間　180
積分要素　168
設定値　158
零点　164
全圧　43
線形計画法　185
線形システム　161
前指数因子　131
選択率　16,140
せん断応力　37
潜熱　25
栓流　140

ソ

総括物質移動係数　106
操作線　98
操作量　157
相対揮発度　88
層流　48
速度境界層　65
速度定数　131

タ

ターンオーバー頻度
　129
対流伝熱　65
対流伝熱係数　67

多孔質膜　119
多段CSTR　149
多段操作　95
単色吸収率　75
単色射出能　73
単色射出率　74
単色放射エネルギー流束
　73
単色放射率　74
断熱反応器　152

チ

逐次反応　128,143
中空糸　120

テ

ティーレモデュラス
　137
定常位置偏差　178
定常状態　8,160
滴状凝縮　72
電気透析　119
伝達関数　163
伝導伝熱　60
伝熱抵抗　78

ト

動圧　43
透過率　72
透析　119
動的方程式　160
動粘性係数　38,66
動粘性率　66
特性方程式　175

ナ, ニ

ナイキストの安定判別法

175
2次遅れ要素　170
二重境膜説　104
ニュートンの粘性法則　37
ニュートン流体　38
入力　159

ネ, ノ

熱拡散率　66
熱貫流　77
熱貫流率　78
熱交換　77
熱交換器　79
熱収支　24, 151
熱通過　77
熱通過抵抗　78
熱通過率　78
熱伝達　65
熱伝達係数　67
熱伝達率　67
熱伝導　60
熱伝導度　60
熱伝導率　60
熱放射　72
熱容量　80
熱流速　60
粘性係数　38
粘度　38
濃度分極　121

ハ

バーンアウト　71
灰色体　75
パスカルの原理　38
半回分操作　8, 139
反射率　72

反応次数　131
反応速度式　130
反応熱　26
反応率　16, 140

ヒ

PID 制御　180
非基底変数　189
非多孔質膜　119
非定常状態　8
非等温 CSTR の設計式　152
ピトー管　43, 56
比熱容量　25
微分時間　180
標準形　187
標準生成エンタルピー　26
比例ゲイン　180
頻度因子　131

フ

ファニングの摩擦係数　50
フィードバック制御　158
フィックの法則　104
フーリエの法則　60
複合反応　128
ふく射伝熱　72
物質移動係数　104
物質収支　7, 144, 145
沸騰　70
沸騰曲線　70
沸騰熱伝達　70
フラッディング　113
プランクの法則　73

プラントルーカルマンの 1/7 乗則　49
プラントル数　55, 66
プロセスシステム　157
プロセス制御　157
ブロック線図　173

ヘ

並発反応　128, 142
並流　107
閉ループ伝達関数　175
ベクトル軌跡　167
ヘッド　39
ベンチュリー管　45
ヘンリー定数　102

ホ

放射エネルギー流束　73
放射伝熱　72
ボード線図　167
ポンプ効率　54
ポンプ動力　54

マ

膜　118
膜状凝縮　72
膜沸騰　71
マッケイブーシーレ法　99

ミ

ミカエリス定数　132
ミカエリスーメンテン式　133
水当量　80

ム

ムーディ線図　50
無次元数　5
むだ時間要素　172

モ

目的関数　184
目標値　158
モジュール　120
モル熱容量　25

ユ, ヨ

有効拡散係数　137
溶解拡散機構　119
よどみ点　55

ラ

ラウールの法則　90
ラングミュアーヒンシェルウッド式　134
乱流　48

リ

理想溶液　90
律速段階の近似　133
流束　103
流通管型（栓流）反応器　138
流通反応器　139
量論式　128
臨界レイノルズ数　48

ル, レ

ルースの沪過係数　116
レイノルズ数　48
レイリーの式　93
連続撹拌槽型反応器　138
連続操作　8

著者略歴

小野木克明（おのぎかつあき）
　名古屋大学大学院工学研究科博士課程後期課程修了．愛知工業大学情報科学部教授．専門はプロセスシステム工学．工学博士．

田川智彦（たがわともひこ）
　名古屋大学大学院工学研究科博士課程後期課程修了．豊田工業高等専門学校 校長，名古屋大学名誉教授．専門は反応工学，触媒工学．工学博士．

小林敬幸（こばやしのりゆき）
　名古屋大学大学院工学研究科博士課程後期課程中途退学．名古屋大学大学院工学研究科准教授．専門はエネルギー工学，熱化学プロセス．博士（工学）．

二井 晋（にいすすむ）
　名古屋大学大学院工学研究科博士課程後期課程修了．鹿児島大学大学院理工学研究科教授．専門は分離と界面現象．博士（工学）．

化学の指針シリーズ　化学プロセス工学

2007年11月25日　第1版発行
2020年 3月15日　第1版6刷発行

著作者	小野木克明　田川智彦　小林敬幸　二井 晋
発行者	吉野和浩
発行所	東京都千代田区四番町 8-1 電話　03-3262-9166（代） 郵便番号　102-0081 株式会社　裳華房
印刷所	株式会社デジタルパブリッシングサービス
製本所	

検印省略

定価はカバーに表示してあります．

一般社団法人　自然科学書協会会員

JCOPY 〈出版者著作権管理機構 委託出版物〉
本書の無断複製は著作権法上での例外を除き禁じられています．複製される場合は，そのつど事前に，出版者著作権管理機構（電話03-5244-5088, FAX 03-5244-5089, e-mail: info@jcopy.or.jp）の許諾を得てください．

ISBN 978-4-7853-3219-8

Ⓒ 小野木克明, 田川智彦, 小林敬幸, 二井 晋, 2007　　Printed in Japan

化学の指針シリーズ

各A5判

【本シリーズの特徴】
1. 記述内容はできるだけ精選し，網羅的ではなく，本質的で重要な事項に限定した．
2. 基礎的な概念を十分理解させるため，また概念の応用，知識の整理に役立つよう，演習問題を設け，巻末にその略解をつけた．
3. 各章ごとに内容にふさわしいコラムを挿入し，学習への興味をさらに深めるよう工夫した．

化学環境学
御園生 誠 著　252頁／定価（本体2500円＋税）

錯体化学
佐々木陽一・柘植清志 共著
264頁／定価（本体2700円＋税）

化学プロセス工学
小野木克明・田川智彦・小林敬幸・二井 晋 共著
220頁／定価（本体2400円＋税）

分子構造解析
山口健太郎 著　168頁／定価（本体2200円＋税）

生物有機化学
－ケミカルバイオロジーへの展開－
宍戸昌彦・大槻高史 共著
204頁／定価（本体2300円＋税）

高分子化学
西　敏夫・讃井浩平・東　千秋・高田十志和 共著
276頁／定価（本体2900円＋税）

有機反応機構
加納航治・西郷和彦 共著
262頁／定価（本体2600円＋税）

量子化学
－分子軌道法の理解のために－
中嶋隆人 著　240頁／定価（本体2500円＋税）

有機工業化学
井上祥平 著　248頁／定価（本体2500円＋税）

超分子の化学
菅原　正・木村榮一 共編
226頁／定価（本体2400円＋税）

触媒化学
岩澤康裕・小林　修・冨重圭一
関根　泰・上野雅晴・唯 美津木 共著
256頁／定価（本体2600円＋税）

既刊11点，以下続刊

裳華房ホームページ　https://www.shokabo.co.jp/